AF313425

LA SPÉCIALISATION

DANS LA

PRODUCTION VÉGÉTALE AGRICOLE

ET LA

PRODUCTION ÉCONOMIQUE;

PAR

N. HERTEL,

MEMBRE DE LA SOCIÉTÉ D'AGRICULTURE DE QUIMPERLÉ.

> La science de l'économie rurale n'est pas
> plus dans la prodigalité que dans l'avarice :
> elle consiste à faire beaucoup avec peu.
> SCHWERZ.

LORIENT

Typographie V. AUGER. (Imprimerie du *Courrier de Bretagne*),

100, rue du Fort.

1866

LA SPÉCIALISATION

DANS LA

PRODUCTION VÉGÉTALE AGRICOLE

ET LA

PRODUCTION ÉCONOMIQUE (¹)

> La science de l'économie rurale n'est pas plus dans la prodigalité que dans l'avarice : elle consiste à faire beaucoup avec peu.
> SCHWERZ.

La production économique, qui a été de tout temps la condition de la prospérité dans toute industrie, est devenue plus que jamais, dans la situation actuelle de l'agriculture, le but vers lequel doivent tendre tous les efforts du cultivateur.

Or, ce but peut-il être atteint avec les systèmes actuels d'exploitation du sol et les assolements qui les règlent, où se trouvent associées les plantes les plus diverses exigeant des installations, des machines ou des instruments particuliers, ayant des besoins de culture opposés, ainsi que d'ameublissement du sol et d'état de fertilité différents? Desquels exigences et besoins opposés des plantes ainsi associées dans la production, il résulte toujours une augmentation de dépenses et de risques, et par suite souvent des pertes.

Il est évident qu'avec de telles conséquences, ces systèmes d'exploitation et ces assolements ne peuvent amener la production

---

(1) Une partie de ce travail a été publiée dans le *Courrier de Bretagne,* en novembre et décembre 1864, et janvier 1865, et a été déposée à la Société impériale et centrale d'agriculture de France, le 15 mars 1865.

économique, laquelle exige, au contraire, l'économie dans la formation du capital d'exploitation, la simplification dans les cultures et la diminution des risques.

Ces exigences de la production économique ne pourront être satisfaites, selon nous, que par les moyens ci-après :

1º La substitution, dans l'exécution des travaux, de l'action active et régulière des machines ou des instruments, à l'action lente et irrégulière des bras de l'homme ;

2º La mise de la production en rapport avec la force productive, l'engrais ;

3º La combinaison des assolements ayant pour base l'uniformité des besoins des plantes ; quant à l'emploi des machines ou des instruments, aux fumures et à la préparation du sol ;

4º La culture en ligne des céréales ;

5º La production économique des engrais.

Tous ces moyens, qui sont, selon nous, les conditions absolues de la production économique, pour être employés imposent pour base de l'exploitation du sol : LA SPÉCIALISATION DANS LA PRODUCTION VÉGÉTALE AGRICOLE.

La nécessité de l'adoption de ce système d'exploitation et des conditions particulières de la production économique ci-dessus énumérées qu'il faciliterait, sera démontrée par l'exposé des avantages qu'il donnerait et par l'analyse des conséquences des cultures et des principes de production actuels.

I.

Des moyens donnés par la production spécialisée pour rendre économique, en agriculture, l'emploi des machines et des instruments.

Une des lois essentielles de la production économique dans toute industrie, n'est-elle pas que chaque partie du capital-matériel reste le moins inactive et produise le plus possible, de sorte que les frais de production résultant de l'intérêt de ce capital et de son amortissement soient repartis sur une plus grande masse de produits ? Cette activité continue, ou presque, donnée au capital-matériel, n'est-elle pas rencontrée dans toutes les industries prospères? Et n'est-ce pas le contraire que l'on voit dans l'industrie agricole, laquelle pourtant n'échappe pas plus que d'autres industries à cette loi essentielle de la production économique? Ne voit-on pas, en effet, dans presque toutes les fermes, la production la plus variée nécessitant par conséquent un nombre de machines ou d'instruments considérable, puisqu'il doit être aussi multiple que le nombre des cultures particulières formant présentement les assolements des systèmes d'exploitation du sol. Comment, dans cet état, la production dans les fermes où serait faite la substitution des machines ou des instruments aux bras de l'homme, en tous les cas possibles, ne serait-elle pas grevée d'un intérêt et d'un amortissement énormes résultant d'un capital aussi considérable que celui représenté par un pareil matériel dont chaque partie ne serait appliquée qu'à une production très-restreinte et ne fonctionnerait que quelques jours?

Mais ces conditions seront changées le jour où le cultivateur adoptera pour base de l'exploitation du sol : la spécialisation dans la production, réglée par des assolements basés sur l'uniformité des besoins des plantes quant aux machines ou aux instruments ; parce que cela amènerait la réduction du matériel d'exploitation aux besoins du système spécial de culture adopté et donnerait à ce matériel une plus grande activité par l'extension des cultures nécessitant son emploi.

Et ainsi, chaque production se trouverait déchargée de l'intérêt et de l'amortissement du capital représenté par les machines et les instruments nécessaires à d'autres productions.

Or, les machines et les instruments spéciaux pour la production fourragère, représentant un capital d'au moins 2,000 francs, et ceux spéciaux pour la production des grains un capital d'au moins 3,500 francs, il s'en suivrait — l'intérêt et l'amortissement étant comptés ensemble à 10 p. 0/0 — que la production, sur une ferme de 50 hectares, au lieu d'être grevée de 550 francs d'intérêt et d'amortissement en plus de ceux du capital représenté par les machines et les instruments communs à toute production, ne le serait plus selon les cas, par suite de la spécialisation de la production, que de 200 ou 350 francs, soit par hectare, sur une ferme de 50 hectares, un dégrèvement de 7 francs pour la production fourragère et de 4 francs pour celle des grains.

Le capital représenté par les machines ou instruments spéciaux pour la production des plantes textiles ou celle du houblon, lesquelles sont les seules productions parmi celles des plantes industrielles qui exigent des machines ou des instruments particuliers, ne modifierait pas sensiblement les chiffres ci-dessus.

Seulement, celles parmi les productions de plantes industrielles, — c'est le plus grand nombre, — comme aussi toute la production potagère de grande culture, — qui n'exigent qu'une faible partie des instruments spéciaux à certaine production fourragère, — notamment celle des racines, se trouveraient aussi, par la spécialisation de la production, dégrévée des intérêts et de l'amortissement d'un capital-matériel, nécessaire aux autres productions, d'au moins 5,000 francs.

Par suite encore du système de production que nous préconisons, on ne verrait plus des féculeries annexées aux fermes où la production des grains et des trèfles forme les 5/6 ; ou bien, des distilleries sur des fermes où l'on produit toutes sortes de plantes qui ne sont pas susceptibles d'être distillées. Industries annexées, qui, par suite d'une production non spécialisée, chôment une partie de l'année et paralysent des capitaux considérables relativement à l'étendue des exploitations où souvent elles existent, ou à l'étendue des terres consacrées à la production des plantes qui leur sont nécessaires.

Si cette spécialisation dans la production et par suite dans le matériel agricole, amènerait dans les grandes exploitations une diminution considérable des frais de production et faciliterait l'acquisition d'un matériel perfectionné à ceux parmi les cultivateurs dont les faibles ressources étaient un empêchement, l'importance de ce changement dans les systèmes d'exploitation serait encore aussi grande, si non plus, parmi les exploitations où l'étendue des terres consacrées à chaque culture est trop restreinte pour permettre l'acquisition des machines ou des instruments spéciaux à chacune d'elle, l'intérêt et l'amortissement du capital représenté par ces machines ou ces instruments pouvant, dans certains cas, absorber au-delà des économies qu'ils pourraient procurer.

Pourtant, on peut le dire avec certitude, ce serait la seule manière de sauver ces cultures d'une ruine complète qui résulterait de l'impossibilité de produire à l'aide des bras, leur seul moyen d'action, à aussi bon marché que les exploitations plus grandes où la mécanique agricole perfectionnée aurait une application très-active.

Non seulement les exploitations d'une moyenne étendue pourraient, par la spécialisation de la production, se donner la possibilité d'acquérir les machines agricoles perfectionnées les plus coûteuses; mais encore les plus petites cultures pourraient aussi arriver à ce but par une association aussi nombreuse que les situations le voudraient et soutenir la concurrence des plus grandes exploitations; surtout avec la culture des plantes qui exigent beaucoup de main-d'œuvre et ne demandent point un matériel très-coûteux, comme la garance, le tabac, le lin, le chanvre et diverses autres plantes industrielles et potagères.

On pourrait même dire, qu'après l'association pour l'acquisition des machines perfectionnées nécessaires, ces petits cultivateurs auraient, dans ces sortes de cultures, l'avantage sur les grandes exploitations; parce que ces cultures exigeront toujours une grande quantité de main-d'œuvre qui ne pourra jamais être exécutée à l'aide des machines et qu'alors ces petits cultivateurs, exécutant les travaux eux-mêmes, les exécuteront plus rapidement et à meilleur marché que dans les grandes exploitations.

Une considération très-importante militant en faveur de l'adoption du système de production que nous préconisons, se trouve dans l'impossibilité où serait le crédit agricole le plus puissamment établi de faire face aux exigences de fonds pour toutes les améliorations agricoles et à celles qui naîtraient avec le système actuel de production, pour arriver à l'acquisition d'un matériel complet et perfectionné; puisque seulement entre les deux systèmes la différence du capital qui serait à dépenser, pour cette acquisition, se compte par milliards. Il est aisé de le prouver :

Ainsi, en France, on compte 3,334,678 fermes, sur 100 desquelles on compte :

Ayant moins de 5 hectares	47
de 5 à 10 hectares.	21
de 10 à 20 id.	15
de 20 à 50 id.	11
de 50 à 100 id.	4
Au-dessus de 100 hectares. . .	2
Total.	100

De ce tableau il résulte que le nombre des fermes dont l'étendue est au-dessus de 5 hectares est de 53 sur 100, soit sur la totalité de 1,765.879 fermes. Or, en multipliant ce chiffre par la moyenne des économies pouvant être réalisées sur chaque exploitation, dans l'acquisition du matériel, par suite de la production spécialisée, et qui est de 3,500 francs, on trouve qu'il faudrait 6 milliards 180,161,500 francs de moins avec le système de la spécialisation dans la production qu'avec le système actuel de production pour pourvoir, seulement 53 pour 0/0 des fermes en France, d'un matériel complet et perfectionné. Il est évident qu'un chiffre considérable d'économies serait aussi réalisé sur le 47 pour 0/0 des fermes non comptées. Mais, sur seulement 53 pour 0/0 des fermes, la production se trouverait déchargée de 618 millions 016,150 francs d'intérêts et d'amortissement comptés ensemble à 10 pour 0/0, dont l'autre système la grèverait.

De plus ce capital de 6 milliards (en supposant qu'il fût possible de le trouver), au lieu d'être susceptible de détérioration, d'être immobilisé et d'être une charge très-onéreuse, pourrait être multiplié en servant à augmenter les forces productives de chaque exploitation par l'achat d'amendements, d'engrais, de bestiaux ou de matières alimentaires pour ceux-ci, ou par du drainage et des irrigations. Et toutes ces dépenses auraient non-seulement pour effet de multiplier ce capital de 6 milliards par l'augmentation des produits, mais encore par l'augmentation de la valeur foncière. On voit par là ce qu'on peut retirer de dépenses judicieusement faites.

Cela nous conduit à cette observation : qu'une industrie n'a de crédit qu'en raison des avantages qu'elle sait retirer des capitaux dont elle dispose. Or, est-il étonnant qu'avec ses agissements, qui du reste, lui sont conseillés et enseignés, l'agriculture n'ait point de crédit, là où les autres industries et le commerce en trouvent.

II.

Les effets des assolements actuels sur la production et les moyens d'augmenter celle-ci.

Dans les assolements, tels qu'ils sont préconisés actuellement pour être l'idéal du progrès, on rencontre des plantes, comme les céréales et d'autres grains, qui, s'ils donnent des produits d'autant plus abondants que la terre sera fertile, il n'est pas moins vrai que lorsque la fertilité de la terre est arrivée à une certaine limite les produits donnés par les plantes céréales et autres n'augmentent plus, alors ces produits ne sont plus en rapport avec la force productive : l'engrais ; ainsi qu'il arrive après la culture des plantes fourragères, lorsqu'on porte les fumures au degré voulu pour obtenir de ces plantes les produits les plus considérables. De ce fait il résulte qu'il reste dans le sol un capital d'engrais inactif dont les intérêts grèveront d'autant la culture des grains , tandis que des fourrages auraient mis à profit tout cet engrais, la production des fourrages s'élevant toujonrs avec la fertilité du sol.

Non seulement la production des céréales, dans les cas ci-dessus signalés, cesse d'être en rapport avec la force productive, mais encore les risques de la culture des céréales, déjà si grands, sont encore augmentés par le risque de la verse ou d'une mauvaise maturation.

Déjà ces effets de la culture fourragère sur celle des grains n'ont-ils pas fait abandonner par certains cultivateurs la culture de l'avoine et de l'orge? Ne sont-ce pas là des faits bien connus? Ce qui est arrivé pour ces cultures arrivera inévitablement aussi pour celle du blé, quels que soient les efforts faits pour trouver ce qu'on ne trouvera jamais : une espèce de blé qui, dans les conditions ci-dessus décrites, ne versera pas? N'est-ce pas aussi un fait incontestable que dans certaines contrées la qualité du blé a diminué avec l'introduction des cultures de racines fourragères ?

Si la production fourragère, notamment celle des racines, est, ainsi que nous venons de le démontrer, nuisible à la production des grains, de son côté celle-ci est aussi nuisible à la production fourragère économique en diminuant la fertilité de la terre, ne donnant pas, par suite de la vente de la plus grande partie des grains, le moyen de réparer les pertes que ceux-ci ont fait éprouver au sol.

Il sera aussi facile de justifier cette assertion à l'égard de la culture fourragère que de celle des céréales.

Supposons que la culture des racines fourragères soit arrivée à un certain degré de production et que le rendement d'un hectare de betteraves, notamment, soit de 60,000 kilog. de racines et de

15,000 kilog. de feuilles ; cette récolte, d'après Crud, aura absorbé 30,000 kilog. de fumier qui pourront être reproduits tant en engrais solide que fluide, sinon en volume ou poids, du moins en valeur fertilisante et même plus, par un poids égal de racines ; de sorte que les 45,000 kilog. de racines ou feuilles de surplus, qui serviront à augmenter d'autant la fertilité de la terre, auront été puisés dans l'atmosphère. En supposant que dans un assolement composé de plantes fourragères les betteraves entrent pour deux sixièmes, c'est-à-dire qu'elles soient cultivées deux fois dans le même terrain, pendant le cours de culture, il en résultera une production de 90,000 kilog. de fourrages puisés uniquement dans l'atmosphère. En admettant que toutes les autres plantes composant l'assolement puisent aussi une bonne partie de leur nourriture dans l'atmosphère, ainsi que le font notamment les trèfles, luzerne et sainfoin, même à un plus haut degré que toutes les racines fourragères, on comprendra comment la fertilité pourrait, dans toutes les terres, être augmentée sans frais, par suite des engrais qui résulteraient de la consommation des fourrages produits avec les éléments de nutrition contenus dans l'atmosphère. Et par suite se trouve démontrée la possibilité d'atteindre en toutes terres susceptibles de produire des racines fourragères, des rendements de 150, 200 et même plus de 300,000 kilog. de betteraves.

Tandis que si à la place d'une partie de cette culture de betteraves nous avons une culture de céréales, notamment du blé donnant 3,500 kilog. de grains et 7,000 kilog. de paille à l'hectare, cette récolte aura, d'après Crud et de Voght, absorbé en fumier le double du poids du grain et de la paille récoltés, ou 21,000 kilog., et ne laissera pour réparer les pertes du sol, le grain étant vendu, que 7,000 kilog. de paille pouvant faire 14,000 kilog. de fumier ; et quel fumier, si la paille était la seule nourriture des animaux ? On voit, par cette différence entre la quantité d'engrais absorbée et celle rendue, comment se trouve diminué dans le sol le vieil engrais si nécessaire pour l'obtention de grandes récoltes de fourrages.

Nous ferons remarquer qu'il est des plantes bien plus épuisantes que le blé et toutes les céréales, et qui laissent peu ou rien pour réparer les pertes du sol, notamment le colza, le pavot, le lin, le chanvre.

On peut juger maintenant des conséquences de la culture des

grains et de toutes autres plantes cultivées pour la vente sur la production de la culture fourragère, lorsqu'on sait que, dans les assolements actuels, les cultures pour la vente entrent au moins pour un tiers, très-souvent pour moitié et quelquefois plus des deux tiers. Aussi, on ne trouvera plus extraordinaire de voir, notamment, le rendement des betteraves ne dépasser jamais 60,000 kilog. à l'hectare et souvent n'atteindre que 30 ou 35,000 kilog. sur des exploitations où les fumures données, pendant le cours de culture, depuis un grand nombre d'années, pourraient en faire produire bien des fois plus. Et l'on pourra apprécier la différence entre le coût des fourrages dans de semblables conditions et celui qui résulterait de la spécialisation de la culture fourragère, laquelle quintuplerait la production sans achat d'engrais.

Mais pour mieux préciser encore les avantages du système que nous préconisons, nous évaluerons les dépenses auxquelles se trouveraient entraînés les cultivateurs qui, avec la culture intensive avec productions diverses, voudraient, pour obtenir les mêmes rendements que dans le système de la production fourragère spécialisée, fournir à la terre les équivalents des éléments fertilisants que ce dernier système accumulerait dans le sol.

Pour cela, nous établirons la comparaison entre les deux systèmes, sur deux fermes de 50 hectares, dont les terres seront supposées d'une égale fertilité au début et ayant chacune un assolement de six ans : une dont l'assolement sera de 3/6 pour la production fourragère et 3/6 pour la production des plantes pour la vente, dont 2/6 en blé et 1/6 en lin; l'autre dont l'assolement entier sera la production fourragère spécialisée, mais dans lequel 3/6 seront d'une composition semblable aux 3/6 donnant la production fourragère sur la première ferme et seront supposés donner les mêmes rendements la première année.

Ainsi, dans la ferme ayant 3/6 de sa surface sous plantes pour la vente, dont 2/6 sous blé et 1/6 sous lin, la terre se trouvera épuisée :

Par les 2/6 sous blé, de 21,000 kilog. de fumier par hectare, selon les rendements et les bases dont nous nous sommes déjà servis; sur laquelle quantité 14,000 kilog. seront restitués par la paille convertie en fumier, il restera donc un déficit de 7,000 kilog. par hectare; lequel déficit pour être comblé, en estimant à 10 fr. le coût de chacun de ces 1,000 kilog., créera une dépense annuelle de 70 francs par hectare de blé, soit 1,166 fr. 40 pour les 2/6 ou les 16 hectares 66 ares sous blé, ci. . . . . . 1,166 fr. 40

Par le sixième sous lin, de 11,400 kilog. de fumier par hectare, chaque hectare étant supposé produire 600 kilog. de filasse, dont chaque cent kilog. sont supposés avoir épuisé le sol de 1,900 kilog. de fumier; d'où il résultera, selon l'évaluation ci-dessus de la valeur du fumier, que ces 11,400 kilog. constitueront annuellement une dépense de 114 fr. par hectare, pour réparer la perte du sol, soit pour le sixième ou les 8 hectares 33 ares sous lin, une dépense de 949 fr. 62. . . .   949 fr. 62

Ce qui fera, pour les 3/6 ou les 25 hectares sous plantes pour la vente, une dépense annuelle de 2,116 fr. 02. . . . . 2,116 fr. 02

Et pour les cinq années restant pour terminer la rotation une dépense de 10,580 fr. (1)

Mais il faudra encore que cette ferme produisant le blé et le lin, à cette dépense de 10,580 fr. devant rendre la fertilité perdue, en ajoute une autre devant donner l'équivalent de la fertilité ajoutée sur l'autre ferme par les 3/6 de fourrages produits en plus.

Or, en admettant que chaque hectare de ces 3/6 de fourrages ne produise en vert que 55,000 kilog., soit environ l'équivalent de 13,750 kilog. de foin, ces 13,750 kilog. représentant 7,638 journées de nourriture pour des moutons pesant, à l'état d'entretien, 45 kilog.,— la ration par jour étant calculée à 4 0/0 du poids vif en cet état,— et ces moutons parquant par jour, à raison de 1 mètre carré par tête, et chaque mètre carré de parcage, dans ces conditions, produisant, d'après notre expérience, des effets supérieurs à une fumure à raison de 7 kilog. 500 grammes de fumier normal par mètre carré, ou de 75,000 kilog. à l'hectare,

---

(1) Cette dépense serait la même à quelques francs près, si les comptes étaient basés sur le prix d'achat des engrais artificiels (comme le Guano du Pérou), lesquels évidemment seraient ceux employés pour réparer les pertes du sol, car autrement il serait impossible d'atteindre ce résultat avec les fumiers achetés dans les villes, à cause de leur insuffisance; il serait déjà assez difficile d'y arriver avec les engrais artificiels.

Nous faisons cette remarque aussi bien pour les dépenses restant à évaluer que pour celles évaluées.

il s'en suivrait que ces 7,638 rations, représentant autant de mètres carrés de parcage, produiront une valeur fertilisante au moins égale à 56,285 kilog. de fumier de ferme, dont la moitié 28,142 kilog. sera l'équivalent de l'augmentation de la fertilité donnée par chaque hectare en plus sous fourrages sur la ferme à production fourragère spécialisée, l'autre moitié représentant l'engrais absorbé par la quantité de fourrages récoltée et énumérée ci-dessus. De là, si nous estimons que ces 28,142 kilog. de fumier représentant l'augmentation de la fertilité, sont d'une valeur de 10 francs les 1,000 kilog., la fertilité, ajoutée par chaque hectare en plus sous fourrage sur la ferme à production spéciale de fourrages, sera d'une valeur en argent de 281 francs, ces 281 francs étant multipliés par les 3/6 ou 25 hectares de fourrages produits en plus par la ferme à production fourragère spécialisée, feront une somme de 7,025 francs que devra dépenser, dès la première année pour les 3/6 ou 25 hectares sous blé ou sous lin, la ferme à productions diverses, pour augmenter la fertilité comme sur l'autre ferme ; laquelle dépense de 7,025 francs, multipliée par les cinq années restant pour achever la rotation, fera une dépense totale de 35,105 francs. . . . . 35,105 » »

A laquelle en joignant celle de 10,580 fr., représentant la dépense à faire pour rendre la fertilité perdue. 10,580 » »

On arrive à une dépense totale de. . . . . . . 45,685 » »

45,685 fr. que devra faire en cinq années — d'après les appréciations ci-dessus, — la ferme à productions diverses pour obtenir les mêmes rendements que sur la ferme à production fourragère spécialisée.

Cette somme, que cette dernière ferme encaissera de plus que l'autre, tous les cinq ans, et qui elle seule, déjà, ferait la fortune de plus d'un cultivateur, est pourtant loin encore de représenter les dépenses que devrait faire la ferme à productions diverses pour obtenir les mêmes rendements que celle à production fourragère spécialisée :

1o Parce que les produits des 3/6 de l'étendue en plus sous fourrages dans celle-ci augmenteront aussi par suite de l'élévation de la fertilité et donneront ainsi les éléments d'une augmentation plus considérable de la fertilité que celle estimée ;

2o Parce que les 14,000 kilog. de fumier produit par les 7,000 kilog. de paille ne restitueront pas, à plus de moitié près, la valeur fertilisante de la quantité égale absorbée d'un fumier donnant des récoltes de 3,500 kilog. de grains à l'hectare ;

3° Parce que la quantité de fourrages verts, supposée obtenue en plus sur la ferme à production fourragère spécialisée, pourrait au moins être doublée, en la même année, par deux ou trois récoltes ; ce qui doublera aussi l'augmentation annuelle de la fertilité sur cette ferme.

D'où l'on peut conclure que la dépense ci-dessus évaluée à 45,685 fr. devra être portée au double, soit à 91,370 fr., afin que la ferme à productions diverses obtienne, dans la partie de sa surface sous fourrages, les mêmes produits que l'autre ferme sur une même étendue.

Les comptes ci-dessus rendent éclatante la différence qui existerait entre les deux systèmes : soit dans le rendement, si la culture intensive avec productions diverses ne fait pas les dépenses ci-dessus pour mettre la fertilité de la terre à l'égal de celle donnée par l'autre système ; soit dans le prix de revient, si cette culture intensive fait ces dépenses, et en tous cas dans les bénéfices ; et cela prouve : que jamais le système de culture intensive avec productions diverses ne pourrait soutenir la concurrence du système de la spécialisation dans la production fourragère, qui est aussi le système donnant les plus grands rendements, mais avec cette différence qu'il puise sa force dans l'atmosphère, tandis que l'autre la puise dans la bourse du cultivateur.

De cette différence dans la source de leur force, il résulte encore : 1° que l'un est praticable par le plus pauvre des cultivateurs, tandis que l'autre n'est praticable que par quelques-uns ; 2° Que l'un permettrait au plus pauvre des cultivateurs de gravir jusqu'au plus haut degré de l'échelle sociale, tandis que l'autre ne permettrait, tout au plus, qu'à la position acquise de se soutenir.

Pourtant les effets dont résultent les comptes ci-dessus ne sont pas les seules causes d'infériorité du système d'exploitation avec productions diverses, car avec ce système diverses plantes se trouvent encore, par des causes et dans des cas différents de ceux déjà signalés, dans des conditions opposées à leurs besoins qui amènent aussi une augmentation de dépense ou une diminution de produits.

Ainsi le blé qui veut une terre raffermie, un peu compacte, n'en trouve qu'une trop ameublie après les cultures de racines fourragères.

Tandis que les racines fourragères, qui demandent une terre très-ameublie et ameublie profondément, n'en trouvent qu'une très-durcie après la culture de presque toutes les céréales et de toutes les plantes d'hiver.

Comme aussi ces dernières plantes ont souvent leurs produits amoindris par suite du retard apporté aux semailles et aux plantations par la récolte tardive des racines fourragères.

Des faits signalés et des observations faites, ne résulte-t-il pas la nécessité de spécialiser la production, afin de composer les assolements selon l'uniformité des besoins des plantes et mettre celles-ci dans les conditions propres à leur complet développement et à leur obtention économique?

III.

Les avantages de la culture en ligne des céréales.

Telle qu'elle est encore pratiquée dans presque toutes les fermes, la culture des céréales est encore semblable à celle des temps primitifs. C'est-à-dire qu'une fois l'ensemencement de ces grains terminé, la terre est abandonnée à elle-même, ne recevant plus aucune façon, hors quelquefois des hersages dont l'efficacité est très-restreinte et quelques sarclages imparfaits et coûteux.

De ce défaut de culture pendant la végétation, il s'en suit : qu'une grande quantité de mauvaises herbes végètent aux dépens des céréales, dont par suite elles diminuent le rendement.

Qu'une croûte se forme à la superficie du sol, ce qui empêche l'air et les gaz atmosphériques d'être absorbés par la terre et prive les racines des plantes d'autant d'éléments fertilisants. Cette dureté de la superficie a encore pour conséquence d'accélérer l'évaporation de l'humidité du sol par l'effet de la capillarité et de diminuer ou empêcher l'action bienfaisante des rosées.

Or, la culture en lignes des céréales, en permettant l'application à celles-ci de toutes les façons données aux cultures fourragères binées et sarclées, maintiendrait la propreté du sol et en tiendrait la surface meuble, ce qui faciliterait l'absorbtion de l'air et des gaz atmosphériques, atténuerait les effets de la sécheresse et permettrait à l'action bienfaisante des rosées de se produire. Tous ces résultats amèneraient inévitablement une augmentation dans le rendement moyen des cultures de céréales.

Par suite encore des binages et des sarclages qu'il permettrait, ce système de culture diminuerait les frais de production par la suppression d'un certain nombre de labours, de hersages et de roulages donnés actuellement à la terre, dans le seul but de détruire les mauvaises herbes que le système général de culture de céréales pratiqué amène inévitablement avec lui.

Ce système donnerait encore une économie par la réduction sur la quantité de semences nécessaire actuellement.

Mais que les cultivateurs n'oublient pas que, si la culture plus rationnelle des céréales pourrait déjà elle seule amener une augmentation considérable de la production par la suppression de tous les risques qu'entraîne le système de culture actuel, cette augmentation serait encore plus grande si ils prenaient des mesures pour avoir un bon choix de semences et si à cet effet ils consacraient, chaque année, quelques francs au choix d'une certaine quantité d'épis les plus beaux. Ils verraient alors à quels grands résultats ils arriveraient ! Le fameux blé Hallett et d'autres n'ont pas d'autre origine. En trois années d'essais, nous avons eu déjà des résultats remarquables avec le blé Victoria, dont est sorti le blé Hallett.

Que les cultivateurs n'oublient pas que les plantes sont aussi susceptibles d'amélioration que les animaux.

Ce mode de choisir les semences donnerait encore un avantage considérable en ce qu'il ferait disparaître complétement des semences les mauvaises herbes et contribuerait par là, aussi, à la propreté du sol et par suite à l'augmentation de la moyenne de la production et à la diminution des frais de culture.

La nécessité de la spécialisation dans la production, qui est déjà de toute évidence pour mettre la culture des céréales dans les conditions particulières qu'elle exige, devient encore indispensable pour aider à l'application générale du système de culture en lignes, en rendant possible l'achat des machines et instruments qu'il nécessite, car autrement, cet achat serait trop coûteux pour l'immense majorité des exploitations, l'étendue de la terre consacrée à la production des céréales y étant trop petite.

IV.

*La production économique des engrais ; — les avantages de la
vente de la paille dans la culture spécialisée des céréales.*

Ce que nous avons dit de la culture des céréales, nous pour-
rions encore le répéter à propos de la production des engrais,
c'est-à-dire, que la manière de produire et recueillir les engrais
de ferme est encore généralement, à bien peu d'exceptions près,
celle des temps primitifs.

Et pourtant, c'est là une partie de l'art agricole qui demande
le plus d'attention de la part du cultivateur et la plus grande
économie, puisque l'engrais est la matière première en agriculture. Si l'illustre chimiste, M. Boussingault, a dit bien justement
« qu'on peut, à la première vue, juger de l'industrie, du degré
d'intelligence d'un cultivateur, par les soins qu'il donne à son tas
de fumier, » on peut non moins justement dire : qu'on peut
juger de la prospérité du cultivateur par le prix de revient de ses
engrais.

La spécialisation dans la production, en amenant, comme nous
l'avons démontré, une augmentation dans la production des
fourrages et des grains et en diminuant leur prix de revient,
abaisserait déjà considérablement le coût des engrais de ferme :
les produits en croit, lait, viande ou laine devant payer plus
facilement que jamais et au-delà la nourriture des animaux, les
engrais se trouveraient alors déchargés de la part dans les frais
de nourriture, qu'un système d'alimentation mal combiné leur fait
si souvent supporter. Mais il restera encore, après cet effet obtenu,
un moyen de diminuer considérablement le prix de revient de ces
engrais par la pratique d'un nouveau mode de ramasser les
déjections solides et fluides des animaux, lequel supprimerait
l'emploi des pailles comme litière; ces pailles augmentant d'une
manière considérable le prix de revient des engrais de ferme et
par suite celui de la production agricole en général, tout en
laissant perdre les 2/3 des urines, qui forment les 4/5 des déjections des animaux et la portion la plus énergique comme matière
fertilisante.

La paille est certainement la litière la plus coûteuse qu'on

2

puisse employer; pour le faire comprendre nous ne saurions mieux faire que de rapporter ce qu'en a dit M. Malingié-Nouel, dans son ouvrage intitulé : *Des bêtes à laine au XIXe siècle :*

« En ne portant, dit-il, la valeur du kilogramme de paille
« qu'au prix moyen de 3 centimes et sachant que cette matière
« absorbe et retient son poids d'eau en se convertissant en fumier
« demi-pourri, nous voyons qu'il faut 500 kilog. de paille pour
« augmenter la masse des fumiers d'un mètre cube de matière,
« ou d'une voiture supposée de 1,000 kilog. Or, ce mètre cube
« revient ainsi à 15 francs. Il faut de plus y ajouter un franc
« pour frais de chargement, de voiturage et d'éparpillement. En
« tout 16 francs par mètre cube d'un fumier inerte, ou certaine-
« ment de très-peu de valeur. Les fumiers de paille, destinés à
« satisfaire beaucoup moins les champs du cultivateur que sa
« conscience, en lui faisant croire qu'il dispose d'une masse
« d'engrais, devraient être proscrits le plus possible de toute
« agriculture rationnelle. »

Par ce qui précède, on peut juger de combien toutes les pailles, converties en fumier, grèvent la culture de frais et sans profit, d'autant plus que, par la fermentation qu'exige les fumiers dans lesquels elles entrent, elles font perdre aux déjections animales avec lesquelles elles sont mises en tas, bien des fois plus de valeur fertilisante qu'elles n'en apportent. Puis on peut apprécier combien le prix de revient de la production se trouverait diminué par la suppression de l'emploi de ces pailles comme litière.

Trois moyens permettent d'arriver à ce résultat :

1° L'emploi des feuilles, fougères, bruyères, ajoncs dans tous les cas particuliers où cela est possible et l'usage de la terre qui peut être général. 2° Le parcage et la consommation des four-rages sur place. 3° Les installations permettant de recueillir sans litières les déjections solides et fluides des animaux.

Mais l'emploi des matières végétales ci-dessus énumérées offre tous les inconvénients de la paille, hors le coût.

La terre comme litière offre certains avantages ; voici entr'autres ceux signalés par un de nos chimistes les plus distingués, M. Girardin, dans son excellent ouvrage intitulé : *Des fumiers considérés comme engrais :*

« D'un autre côté, dit-il, la terre absorbe mieux les urines,
« se mêle mieux aux déjections que les pailles, et conserve mieux

« les principes fertilisants que ces dernières, etc... Il est incon-
« testable qu'un pareil fumier terreux est d'un effet plus éner-
« gique et plus durable, sur les terres moyennes, que le fumier
« ordinaire contenant beaucoup de paille. »

Notre propre expérience confirme en tous points l'opinion du savant chimiste.

Dans le même ouvrage, M. Girardin rapporte le fait suivant à l'appui de l'emploi de la terre comme litière :

« Un cultivateur de Silésie, M. Block, qui depuis fort longtemps
« a adopté l'usage de la terre comme litière, estime que le béné-
« fice annuel en bon engrais ou le surplus sur lequel on peut
« compter avec cette méthode peut être évalué au moins à 8 ou
« 10 voitures de 1 mètre cube 1/3 chacune, par tête de gros bétail
« dans le système de stabulation permanente ; 10 moutons lui
« fournissent en plus environ 2 1/2 à 3 voitures de fumier
« par an. »

M. Girardin démontre aussi que le mètre cube d'engrais-terre ne reviendrait pas à plus de 30 à 40 centimes, tandis que le fumier, qui est bien inférieur comme valeur fertilisante, revient généralement à 5 ou 6 francs le mètre cube (selon nous il doit dépasser 10 francs). Nous pensons qu'il serait possible d'obtenir à moins de 30 centimes le mètre cube d'engrais-terre, en appli-quant à l'approvisionnement des terres un système pratiqué dans un autre but dans certains pays. Ce système, pratiqué notamment en une partie de la Bretagne, consiste à peler les champs après certaines récoltes de céréales pour former des tas de terre avec lesquels les cultivateurs mélangent du fumier ; au lieu de laisser ces terres en tas dans les champs, on pourrait les employer en litière, chaque division de l'assolement pourrait ainsi à tour de rôle fournir la litière terreuse.

Nous ferons remarquer que, contrairement au fumier ordinaire qui perd par la fermentation une certaine partie de sa valeur fertilisante, l'engrais-terre a la propriété d'augmenter de richesse par la mise en tas, surtout quand on le met sous un hangar, parce que, ainsi que l'a dit M. Girardin, « les terres entretenues
« humides et mêlées de matières animales ne tardent pas à se
« couvrir d'efflorescences salpêtrées et à acquérir ainsi des
« propriétés fertilisantes très-prononcées. »

Nous ajouterons encore qu'en plus des avantages déjà signalés, l'engrais-terre a encore celui d'agir comme amendement, lorsqu'on a soin de choisir la terre devant servir de litière selon les besoins des champs qui devront être fumés, et en appliquant l'engrais-terre formé avec de la terre argileuse dans le champ ayant un sol léger, et l'engrais-terre à base de terre sableuse ou siliceuse dans les champs ayant un sol trop compacte.

Mais nous préférons encore à l'engrais-terre, malgré tous ses avantages les deux autres moyens que nous avons signalés, pour recueillir les déjections des animaux, parce qu'ils sont encore plus économiques.

Ainsi, le parcage des moutons, des vaches et des porcs, de même que la consommation sur place des fourrages, avec séjour la nuit, par ces animaux et par les chevaux, comme en certains pays, tel qu'en Normandie et en Angleterre, est sans contredit la manière la plus économique de recueillir les déjections des animaux et d'engraisser les terres (1). Mais il faut, comme en

(1) Nous relèverons une erreur très-grande faite souvent au sujet de l'évaluation de la valeur fertilisante du parcage des moutons. Cette évaluation par les déductions qui pourraient s'en suivre détournerait des cultivateurs inexpérimentés de la pratique, si avantageuse, de ce mode de fertilisation des terres. Car de cette évaluation il résulterait que les moutons par le parcage rendraient à la terre une valeur fertilisante moins élevée que celle absorbée par les plantes qu'ils ont consommées; de la sorte le sol arriverait à l'épuisement.

Un semblable résultat démontre jusqu'à la dernière évidence que cette appréciation de la valeur fertilisante du parcage est tout-à-fait erronée, car ce résultat est en opposition 1° avec les principes des assolements actuels lesquels principes font entrer les plantes fourragères dans ces assolements afin de réparer les pertes éprouvées par le sol par suite de la production des plantes pour la vente; 2° avec les expériences qui ont démontré que les récoltes enfouies vertes rendent au sol plus de principes fertilisants qu'elles ne lui en ont enlevés; 3° avec les faits constatés desquels il résulte que les plantes par suite de leur consommation par les annimaux, donnent plus de fertilité à la terre qu'elles ne lui en auraient donnée étant enfouies vertes.

Voici, d'après nos observations et notre expérience, comment la valeur fertilisante du parcage doit être évaluée :

Lorsque les moutons ont une nourriture substantielle et aussi abondante qu'il leur est possible d'en absorber, et qu'on peut évaluer par jour à une ration équivalente en foin d'environ 4 pour 0/0 du poids vif à l'état d'entretien, et parquent à raison de 1 mètre carré par tète et par jour, le parcage d'un hectare équivaut en fumier normal, avec des moutons ayant à l'état d'entretien un poids de :

       33 kilog., à une fumure de 55,000 kilog.
       45 kilog., à une fumure de 75,000 kilog.
       50 kilog., à une fumure de 83,000 kilog.

Nous ne pouvons pas non plus admettre comme juste cette opinion qui prétend que le parcage ne peut être pratiqué avec la culture intensive avec

Angleterre, être débarrassé des loups ou n'avoir guère à les redouter, comme dans certaines contrées de la Normandie, pour pratiquer la méthode de la consommation des fourrages sur place nuit et jour; et cette méthode ne peut pas être pratiquée en toute saison.

Enfin, le dernier moyen économique que nous avons cité pour recueillir les déjections des animaux, qui peut servir de complément à celui dernier rappelé ou être utilisé continuellement pour tous animaux, et consiste dans les perfectionnements ou les installations nouvelles à appliquer aux étables, écuries, bergeries et porcheries, soit que l'on adopte le système des étables hollandaises où les bêtes à cornes couchent sur un plancher, où toutes autres dispositions par le pavage ou le dallage permettant de recueillir sans litière les déjections solides et fluides des animaux et qui pourraient s'appliquer aux écuries, bergeries, porcheries et étables.

Par suite de ces dispositions, les déjections solides pourraient être facilement enlevées même plusieurs fois par jour, s'il était nécessaire et sans qu'il coûtât autant de main-d'œuvre que dans la pratique actuelle, et les animaux pourraient être tout aussi proprement qu'avec une litière de paille ou autre; car la litière ne préserve pas les animaux de se salir avec les déjections qu'ils font entre chaque repas, mais seulement avec celles qu'on laisse accumuler sous eux habituellement.

Toutefois, pour donner un couchage plus doux aux chevaux et aux bêtes à cornes, une couche de fougères, feuilles ou autres débris végétaux et même de la terre pourrait être mise sous les bestiaux, seulement. Cela serait peu dispendieux, lors même qu'on serait obligé d'acheter les matières nécessaires, leur usage pouvant être de longue durée.

Pour faire apprécier l'importance de la réduction du prix de revient que donnerait sur chaque hectare la suppression de l'em-

productions diverses et par déduction avec celle à production spécialisée, et cela par une bonne raison, puisque le parcage est pratiqué en divers pays avec le système de culture intensive avec productions diverses. D'ailleurs cette possibilité se comprend bien puisque l'on peut parquer sur le trèfle, la luzerne, les céréales d'hiver et de printemps, etc. De là il ne s'en suit pas qu'on peut pratiquer le parcage avec toutes les productions, mais celui qui avec la culture intensive veut profiter des avantages du parcage, n'a qu'à combiner son assolement à cet effet.

ploi des pailles comme litière et comme excipient, nous ferons remarquer qu'en admettant que dans un cours de culture de six ans, un hectare de terre reçoive, indépendamment de tous autres engrais, une fumure de 60,000 kilog. de fumier de ferme ; 2/5 au moins ou 24,000 kilog. représenteront le poids de la paille chargée d'urine ou d'eau. Or, ces 24,000 kilog. de fumier paille représenteront 12,000 kilog. de paille sèche, lesquels au prix de 3 centimes le kilog. auront coûté 360 francs. Ce serait donc une augmentation de dépense de 360 francs par hectare dont seront grevés les produits obtenus avec cette fumure , par suite de l'emploi de la paille comme litière. Or, supprimer les pailles comme litière ce sera une économie de 360 francs par hectare en six ans, et si on vend la paille on aura une augmentation de recette d'autant par hectare, soit pour une ferme de 50 hectares une recette en plus de 18,000 francs pendant un seul cours de culture de six ans.

Ces chiffres ont leur éloquence. Certes il est bien des fermes où cette proportion de 2/5 de fumier paille sur la masse n'est pas atteinte, mais il en est d'autres où elle est dépassée de beaucoup, surtout dans les exploitations où les chevaux et les bêtes à cornes forment le cheptel et où ces dernières sont nourries abondamment avec une nourriture aqueuse. Comme aussi il est des exploitations où la paille a été achetée en de certaines années à 5 et même 6 centimes le kilog. ; or, quand un hectare, selon les bases d'appréciation ci-dessus, se sera trouvé, en six ans, grevé de 600 ou 720 francs de frais d'achat de paille seulement, comment les récoltes auront-elles pu payer ces frais et tous autres et procurer des bénéfices ?... Après cela n'est-il pas exact de dire qu'on peut juger de la prospérité du cultivateur par le prix de revient de ses engrais ?...

Comme nous n'admettons pas que la paille soit plutôt consommée par le bétail, qu'employée comme litière, n'ayant pas plus de valeur nutritive pour le bétail qu'elle n'en a pour les plantes et produisant sur le prix de revient des produits des bestiaux une augmentation semblable à celle donnée sur celui des produits de la terre, nous ferons encore quelques énumérations pour faire juger combien les avantages de la culture des céréales seraient augmentés par l'importance des produits que pourrait donner la paille vendue ; vente qui serait possible à tous les cultivateurs producteurs de céréales, dans les conditions du système de production que nous préconisons, d'autant plus, que le débouché serait lui-même multiplié par l'adoption générale de ce système.

En supposant que, dans un assolement de six ans, la paille de quatre soles pût être vendue et que chaque hectare en produisît en moyenne 5,000 kilog., cela donnerait pour les 4/6 d'une ferme de 50 hectares, 166,650 kilog. de paille par an, lesquels vendus à raison de 0,03 centimes le kilog., — nous savons qu'elle se vend souvent 6 et d'aucunes pailles souvent 7, — donneraient un produit de 4,999 fr. 50 par an, soit pour six ans 29,997 fr. Et sur une ferme ayant un assolement de six ans, dont toutes les pailles pourraient être vendues et en produisant également en moyenne 5,000 kilog. à l'hectare, le produit s'élèverait par an à 7,500 fr. et à 45,000 fr. pour six ans (1).

A ceux qui, producteurs exclusifs de céréales, vendraient tous leurs grains et prétendraient que cette paille leur serait nécessaire pour nourrir du bétail afin de produire du fumier, n'étant pas dans des conditions pour pouvoir s'en procurer à bon marché en dehors de leur exploitation, nous ferons observer :

Premièrement, en justifiant notre assertion à l'égard du manque de valeur nutritive de la paille, que nous n'admettons comme nutritif que ce qui est capable de produire du lait ou de la viande. Or, la paille étant la nourriture exclusive, pourrait-elle produire un millilitre de lait ou un milligramme de viande ? Que l'on expérimente sur une vache à lait et on verra combien de jours elle donnera du lait avec cette nourriture !

Partant du manque de valeur nutritive de la paille nous disons : qu'une quantité déterminée de viande ou de lait coûtera d'autant plus cher que l'animal aura consommé de paille, car cette paille qui n'aura que fini de satisfaire l'appétit, ne donnant aucun produit, prolongera la durée du temps pour l'obtention de la quantité de viande ou de lait déterminée, durée qui serait abrégée par l'absorption d'un aliment nutritif donné à la place de la paille. Donc

______

(1) Nous n'avons pas cru devoir défalquer de ces 45,000 fr. ce qui pourrait être utilisé sur la ferme, cela ne devant pas, en moyenne, sur une ferme de 50 hectares, atteindre une dépense de 1,000 fr. en six ans, (nous parlons des dépenses du fermier).— Ce que nous avons voulu avant tout c'était d'attirer l'attention sur les avantages que pourrait donner la culture des céréales lorsqu'elle serait spécialisée et restreinte aux conditions qui lui sont propices.

la prolongation du temps, causée par la nourriture avec la paille, aura augmenté les frais de production, puisque cette prolongation aura nécessité la consommation d'une plus grande quantité d'aliments nécessaires à l'entretien exclusif de la vie. Il faudrait encore ajouter la main-d'œuvre en plus et la valeur de la paille consommée.

Deuxièmement, qu'avec le produit de la vente de la paille ils pourraient se procurer des matières alimentaires qui permettraient de nourrir, et nourrir bien, une plus grande quantité de bétail qu'avec la quantité de paille vendue et par conséquent produire plus de fumier; ou bien acheter des matières fertilisantes infiniment plus énergiques et qui pourraient fertiliser une étendue bien plus considérable que le fumier qui serait produit avec cette même paille.

Quelques chiffres prouveront facilement la justesse de ces assertions :

Nous prendrons encore une ferme de 50 hectares pour nous servir de comparaison et nous admettrons que 4/6 ou 33 hectares seulement (chiffre rond) produisent de la paille pouvant être vendue et que chaque hectare en produit 5,000 kilog., nous aurons donc 165,000 kilog. de paille. Or, si avec 4 kilog. de paille nous pouvons acheter 1 kilog. de tourteaux, son, fèverolles, etc., nous aurons un total de 41,250 kilog. de l'une ou de l'autre de ces matières alimentaires, lesquels équivaudront, en valeur nutritive, au moins à 82,500 kilog. de foin (1) et à plus de 330,000 kilog. de betteraves.

Eh bien ! n'est-il pas de toute évidence que le bétail qui aura consommé 41,258 kilog. de tourteaux, de son ou de fèverolles, aura donné des produits plus abondants que s'il eût consommé 165,000 kilog. de paille, qui ne peuvent en aucun cas produire ni viande, ni lait ? N'est-il pas aussi évident que cette même quantité de son, de tourteaux, etc., nourrira une plus grande quantité de bétail que celle à laquelle ces 165,000 kilog. de paille

____

(1) Nous ferons remarquer : que les 82,500 kilog. de foin pourraient aussi être achetés le plus souvent avec le prix de vente d'une quantité double de paille. Et que l'on pourrait acheter des résidus de distillerie, de brasserie ou de féculerie qui ont une valeur nutritive très-grande et ne coûtent pas les 1,000 kilog., la moitié du prix de la paille, ou tous grains, comme maïs, avoine ou orge, qui ne seraient point produits sur la ferme ou n'y seraient point en quantité suffisante.

ne pourraient même donner qu'un état chétif par la continuité d'une semblable alimentation. De plus, il est évident qu'un bétail plus nombreux fera plus d'engrais et que ce qui aura été plus nutritif donnera aussi un engrais plus fertilisant : tous les cultivateurs savent quelle différence il y a entre l'engrais produit par des animaux qui consomment des grains et des tourteaux et celui produit par ceux dont la paille forme la seule nourriture! Or, en échangeant sa paille contre des matières alimentaires bien nutritives pour son bétail, le cultivateur aura donc fait une opération doublement avantageuse, puisqu'au lieu d'un produit sans valeur pour sa terre et son bétail, il en aura obtenu un qui lui aura permis tout à la fois de réaliser une valeur en argent sur son bétail et de fertiliser énergiquement sa terre.

Et cette vente, si évidemment avantageuse, combien de cultivateurs qui, manquant de fourrages, eussent pu, en 1864, la réaliser ; et qui, au lieu de cela, ont, d'aucuns, laissé souffrir leur bétail et d'autres en ont diminué le nombre, ce qui aura par suite diminué la quantité de leurs fumiers et de plus ont vendu leurs bestiaux à vil prix et ont été plus tard obligés d'acheter fort cher lorsque l'abondance de nourriture a été ramenée. Et cette vente ils eussent pu la réaliser bien plus avantageusement encore, car, dans ces années de manque de fourrages, le prix de la paille s'est élevé de telle sorte, qu'au lieu de 4 kilog., 2 kilog. à 2 kilog. 1/2 eussent suffi pour acheter 1 kilog. de grains, de son ou de tourteaux ; alors ils auraient presque doublé les produits que nous avons signalés.

Quant aux cultivateurs qui seraient dans des conditions différentes de ceux ci-dessus et voudraient remplacer la paille par des matières fertilisantes ils rencontreraient dans la vente de leur paille des avantages aussi considérables que ceux démontrés à l'égard des matières alimentaires. Ainsi, en vendant 0,03 centimes le kilog., les 165,000 kilog. de paille obtenus dans les conditions déjà décrites, le cultivateur pourrait acheter à 35 francs les 100 kilog. 14,150 kilog. de Guano du Pérou, lesquels fertiliseraient, à raison de 500 kilog. à l'hectare, 28 hectares 1/4, soit plus de la moitié de la ferme de 50 hectares. Tandis que les 165,000 kilog. de paille n'en fertiliseraient pas au même degré la dixième partie.

Avec le produit de la vente, aux mêmes conditions que ci-dessus, de ces 165,000 kilog. de paille, on pourrait encore acheter :

En Phospho-Guano.	. .	16,500 kilog.
En engrais Derrien.	. .	23,500 id.
En noir animal . . .	. .	330 hectolitres.
En phosphate fossile	. .	82,500 kilog.
En guano Baker.	. .	20,625 id.
En engrais Robart .	. .	90,000 id.

Ces chiffres sont déjà convaincants, pourtant ce ne serait là que le résultat de la vente de la paille de 33 hectares ou environ des 4/6 de la ferme de 50 hectares? Que serait-ce donc avec la vente de la paille de la récolte de ces 50 hectares et si au lieu de vendre 0,03 centimes le kilog. on vendait 0,06, comme cela a lieu souvent en de certains pays? Dans ce cas, pour ne citer qu'un chiffre, on aurait 42,850 kilog. de guano du Pérou, soit la fumure de 85 hectares à 500 kilog. à l'hectare.

Tout ce que nous venons de dire au sujet de la paille prouve encore que, dans la culture spécialisée des céréales, la force de la production réside, comme dans la culture spécialisée des fourrages, dans le système d'exploitation et non dans un énorme capital d'exploitation comme celui qu'exige la culture associée des fourrages et des céréales, dans laquelle la paille est presque toujours un produit sans valeur.

Nous ne quitterons pas ce qui a trait à la fertilisation économique des terres sans rappeler, après beaucoup d'autres, combien de ressources les cultivateurs trouveraient, pour atteindre ce résultat, dans l'utilisation de l'engrais humain assez généralement perdu dans toutes les fermes (excepté toutefois en Flandre et en Alsace), ainsi que dans l'engrais des volailles que l'on pourrait obtenir en plus, par suite de l'emploi du volailler roulant vulgarisé par M. Giot (1).

L'engrais humain est un des engrais les plus énergiques parmi ceux produits sur les fermes. Voici ce qu'en a dit M. Girardin, dans son ouvrage que j'ai déjà cité :

« Il est fort regrettable qu'on n'imite pas partout les bonnes
« pratiques des pays qui savent utiliser les prodigieux effets de
« l'engrais humain. A peine applique-t-on à l'agriculture en
« France l'engrais d'un cinquième de la population. Eh bien !
« Tout ce qu'on perd pourrait pourtant faire produire au sol le

(1) Voir la brochure de M. Giot : la *Poule aux Œufs d'Or*.

« quart des grains et denrées nécessaires à la nourriture de la
« population tout entière. Si l'on admet, avec MM. Liebig et
« Boussingault, que les excréments liquides et solides d'un
« homme ne s'élèvent par jour qu'à 750 grammes, savoir :
« 625 grammes d'urine et 125 grammes de matière fécale, et
« qu'ils renferment ensemble 3 p. °/o d'azote, cela donne pour
« un an, 273 kilog. 750 grammes d'excréments contenant 8
« kilog. 205 grammes d'azote, quantité qui suffirait pour 400
« kilog. de grains de froment, de seigle, d'avoine ou d'orge, et
« qui, ajoutée à l'azote puisé dans l'atmosphère, est plus que
« suffisante pour faire produire annuellement à 50 ares la récolte
« la plus riche ! »

De là, si l'on compte que, sur chacune des 3,331,678 exploitations agricoles de France, il y a seulement en moyenne cinq
personnes, et qu'elles ne produisent que l'engrais nécessaire à un
hectare bien fumé, il en résulterait une production de matières
fertilisantes assez considérable pour fumer 3,331,678 hectares,
lesquels à raison de 500 kilog. de guano du Pérou à l'hectare,
en exigeraient 1 milliard 665,839,000 kilog. Or, quand on pensera
que cette valeur fertilisante qui est entièrement perdue, à si peu
d'exception près, pourrait encore être augmentée de la quantité
produite pas tous autres habitants des campagnes, d'une grande
partie non utilisée de celle des villes, on reconnaîtra que par
l'utilisation de l'engrais humain on pourrait peut-être, ainsi
qu'on l'a fait remarquer, arriver à faire baisser le prix des engrais du commerce, ou tout au moins en empêcher l'élévation.

Si l'engrais humain ne pouvait seul arriver à faire baisser le
prix des engrais du commerce, ce résultat pourrait être atteint si
à l'effet que produirait l'utilisation de cet engrais on joignait celui
que donnerait la multiplication de l'usage des volaillers roulants,
par suite des engrais que l'on en obtiendrait.

Ainsi, en admettant que des encouragements puissent provo-
quer une augmentation moyenne de 25 volailles sur chacune des
3,331,678 exploitations agricoles comptées en France (1), cela
donnerait un accroissement de 83 millions 294,950 volailles ; ce
qui ne ferait pas 2 têtes par hectare sur les 52 millions d'hectares

______

(1) D'aucunes de ces exploitations, particulièrement les petites, pourraient
affermer pour la nourriture des poulets, les herbages sur lesquels il n'existe
pas de corps de ferme, de même les terrains incultes, forêts, etc.

de terres arables, de vignes, de prairies, de pâtures et de forêts. En estimant que chaque centaine de volailles donnât 30 hectolitres d'engrais (quantité que nous avons obtenue), on aurait une augmentation de 24 millions 987,500 hectolitres d'engrais, lesquels à raison de 25 hectolitres à l'hectare (ce qui est une très-forte dose), pourraient fertiliser 999,500 hectares qui, à raison de 500 kilog. de guano du Pérou à l'hectare, en auraient exigé 499,750,000 kilog.

En réunissant le nombre d'hectares que nous avons supposé pouvoir être fertilisés par l'utilisation seulement de l'engrais humain aujourd'hui perdu dans les fermes et que nous avons estimés à. . . . . 3,331,678 hectares au nombre d'hectares que pourraient fertiliser les volailles, par suite de leur multiplication nécessitée par l'usage du volailler roulant, et que nous avons évalués à. . . 999,500 id.

nous avons un total de. . . . . , . 4,331,178 hectares pouvant être fertilisés chaque année avec des éléments aujourd'hui non utilisés ou perdus, qui sont encore plus considérables que nous ne les avons évalués et par conséquent doubleraient cette quantité d'hectares supposée pouvoir être fertilisée.

La fumure seulement de ces 4,231,178 hectares, par l'engrais humain et par celui des volailles, équivaudrait par an à l'achat de 2 milliards 163,589 kilog. de guano du Pérou ou de l'équivalent en d'autres engrais; achat qui coûterait 757,956,150 francs. Quelle valeur en engrais aujourd'hui perdue!...

Ce qui précède dit assez quelle influence exercerait sur le prix des engrais du commerce l'utilisation de l'engrais humain et de l'engrais provenant des volaillers roulants.

Nous terminerons ce qui est relatif à la fertilisation économique de la terre, en rappelant qu'elle peut encore être obtenue par l'enfouissage en vert de certaines récoltes.

Cet enfouissage, dont l'usage tend à disparaître avec les systèmes actuels de production, qui tous, pour la fertilisation de la terre, reposent, hors le cas où l'on peut acheter des fumiers dans les villes, sur l'entretien d'un nombreux bétail, serait appelé, avec le système de la spécialisation dans la production végétale, à jouer un rôle très-important dans la production des céréales, des plantes industrielles et des potagères, parce qu'il permettrait la suppression de l'entretien de tout bétail autre que celui exigé pour l'exécution des travaux et l'alimentation du personnel de l'exploitation ; dans toutes les circonstances où le bétail, par le croît, la viande ou le lait ne pourrait payer la nourriture qu'il absorberait et alors, ne donnant aucun profit et n'étant plus entretenu que pour la production du fumier, ne serait plus, comme souvent il l'est, avec les systèmes actuels d'exploitation, et qu'il a été dit « un mal nécessaire. »

Dans ces circonstances, hors le cas où l'on pourrait trouver à acheter des fumiers dans les villes, cet enfouissage de récoltes vertes deviendrait la base de la fertilisation de la terre avec les engrais artificiels en se complétant l'un l'autre et étant soutenus aussi par les engrais produits sur la ferme, lesquels représenteraient encore tant en fumier de bétail, qu'en poulaille et engrais humain, au moins le cinquième des engrais produits sur une exploitation où l'on nourrit une tête de gros bétail par hectare.

Les récoltes enfouies vertes prendraient une partie seulement de la place occupée dans les assolements actuels par les récoltes fourragères et compenseraient les avantages donnés par ces plantes qui réparent les pertes du sol au moyen des éléments de nutrition qu'elles puisent dans l'atmosphère.

On pourrait, au moyen de ces fumures en engrais verts complétés par les engrais artificiels, pratiquer, entr'autres assolements, ceux ci-après :

Pour la production spécialisée des céréales :

    1re année. Récoltes enfouies vertes ;
    2e   —   Blé ;
    3e   —·   Seigle ou orge d'hiver suivis de récolte enfouie verte ;
    4e   —   Avoine de printemps suivie de récolte enfouie verte.

Pour la production spécialisée des plantes potagères :

    1re année. Récoltes enfouies vertes ;
    2e   —   Betteraves, choux ;
    3e   —   Récoltes enfouies vertes ;
    4e   —   Carottes, choux, potirons ;
    5e   —   Pommes de terre suivies de récolte enfouie verte.

Pour la production spécialisée des plantes industrielles :

A. 1re année. Récoltes enfouies vertes ;
   2e — Betteraves pour la vente aux sucreries ou aux distilleries ;
   3e — Colza ou pavot suivis de récolte enfouie verte ;
   4e — Récoltes enfouies vertes ;
   5e — Betteraves pour la vente ;
   6e — Lin vendu sur pied, suivi de récolte enfouie verte.

B. 1re année. Récoltes enfouies vertes ;
   2e — Chanvre suivi de récolte enfouie verte ;
   3e — Lin   idem
   4e, 5e, 6e. Chanvre   idem

Nous ferons remarquer qu'au moyen des fumures complémentaires en engrais artificiels, on tiendrait la fertilité de la terre au degré exigé par chaque plante, en laissant la fertilité s'abaisser pour une et en l'élevant pour une autre.

L'avantage de l'emploi des engrais verts serait surtout très-grand pour les propriétaires-cultivateurs et les fermiers qui, pour des causes quelconques sont souvent absents de chez eux et ne peuvent surveiller le personnel qui se trouve multiplié par les soins à donner à un nombreux bétail, et ne peuvent non plus, par les mêmes causes, surveiller l'alimentation de leurs bestiaux, laquelle a tant besoin de l'être pour ne point faire éprouver des pertes. Ce serait aussi un avantage très-grand pour ceux qui, ayant peu de capitaux voudraient cultiver ; et aussi pour ceux qui débutant dans l'agriculture, ne feraient que des pertes dans l'entretien du bétail, qui est la partie de la production agricole qui exige le plus d'expérience ; car il y faut non-seulement connaître beaucoup le bétail pour bien acheter ou bien élever, mais surtout savoir nourrir, et c'est là l'écueil où vont échouer beaucoup de cultivateurs.

L'intérêt de cette pratique culturale, pour tous les cultivateurs que nous venons de désigner, sera rendu plus évident par l'énumération de la réduction du capital d'exploitation qui s'ensuivrait. Ainsi, en supposant qu'avec la culture intensive aux productions diverses et entretien du bétail il y ait dans les fermes au moins une tête de gros bétail, entretenue par hectare, chaque tête étant estimée en moyenne à 350 francs, cela ferait sur une ferme de

50 hectares 50 têtes de bétail d'une valeur de 17,500 francs. Or, le bétail entretenu étant par l'emploi des moyens de fertilisation ci-dessus indiqués, réduit à celui nécessaire pour l'exécution des travaux et l'alimentation du personnel de la ferme, c'est-à-dire environ au cinquième du nombre ci-dessus énuméré, soit à 10 têtes représentant une valeur de 3,500 francs, il s'en suivrait que la réduction sur le capital représenté par le bétail s'élèverait à 14,000 francs; à laquelle somme il faudrait ajouter la quotité des gages des domestiques et le coût de la main-d'œuvre des journaliers, dont l'emploi serait supprimé par la suppression de l'entretien de la quantité de bétail ci-dessus énumérée. Cette main-d'œuvre et ces gages ne peuvent être évalués à moins de 2,000 francs par an; lesquels seraient à déduire de la partie du capital d'exploitation appelée fonds de roulement; ce qui porterait à 16,000 francs la réduction du capital d'exploitation. Mais de cette somme il faut déduire celle de 5,000 francs représentant à raison de 100 francs par hectare (soit environ le prix de 300 kilog. de guano du Pérou), la dépense en engrais artificiels qui, au plus, (dans une infinité de cas elle ne s'élèverait pas à ce chiffre), devrait être faite pour remplacer une partie de l'engrais fourni par les bestiaux dont l'entretien serait supprimé. Cela réduirait à 11,000 francs (1), sur une ferme de 50 hectares, la diminution du capital d'exploitation par suite des causes ci-dessus décrites; ce qui ferait par hectare une réduction de 220 francs en capital et de 11 francs d'intérêts; auxquels en ajoutant le chiffre des pertes éprouvées sur le bétail dans les circonstances signalées plus haut et qu'on ne peut évaluer par tête de bétail à moins de 90 francs par an (soit environ 25 centimes par jour et ce qui ferait 3,600 francs de pertes pour 40 têtes soit 72 francs par hectare), et toutes les économies que nous avons démontrées comme pouvant être faites sur le matériel, sur différents frais de culture et sur la production des engrais de ferme, on pourra se faire une idée de la diminution par hectare du prix de revient de la production que l'on pourrait obtenir avec le système de la

(1) Nous n'avons point déduit de cette somme de 11,000 francs celle qu'exigerait l'achat des aliments nécessaires pour compléter la nourriture des animaux qui resteraient entretenus sur la ferme pour les besoins désignés, cette somme étant bien inférieure à celle dépensée pour le même objet dans les exploitations se trouvant dans les conditions de celles qui nous servent de comparaison.

spécialisation dans la production végétale joint à l'emploi des engrais verts et des engrais artificiels pour base de la fertilisation de la terre.

Si nous estimons que semblable réduction, 220 francs du capital d'exploitation pût être opérée immédiatement sur 1,000,000 d'hectares composant les fermes se trouvant dans les conditions ci-dessus énumérées, il s'en suivrait la réalisation d'un capital de 220,000,000 de francs qui deviendrait disponible pour l'achat d'un matériel plus perfectionné ou pour diverses améliorations. Et comme cette réduction pourrait être aussi opérée dans une proportion quelconque, sur toutes les autres fermes se trouvant dans les mêmes conditions, on peut voir, par là, que l'agriculture n'a point besoin des économies du comptoir et de la finance pour organiser son crédit et pour transformer son système de production, qu'elle trouvera chez elle tout ce qu'il lui faut pour cela et que ce dont elle a le plus besoin c'est de l'utilisation de toutes les matières fertilisantes aujourd'hui perdues en si grande quantité dans les villes et dans les campagnes.

V.

Des objections au système de la spécialisation dans la production végétale.

Les objections au système de la spécialisation dans la production végétale viendront de l'opposition où il se trouve vis-à-vis des principes qui ont servi de base aux assolements de l'agriculture considérée jusqu'alors comme l'idéal du progrès.

Comme tous, nous avions accepté comme vrais ces principes, mais l'observation, l'expérience et des recherches tendant à arriver à une production plus économique et plus abondante, ont modifié notre croyance à la justesse de ces principes.

Ainsi, d'abord, l'observation et les faits nous ont démontré surabondamment l'inexactitude des principes d'assolement sur lesquels on se base pour faire varier la production en prétendant qu'en cultivant uniquement des plantes fourragères, celles-ci n'utiliseraient pas tous les éléments de nutrition contenus dans les fumiers et qu'il faut alors cultiver des plantes pour la graine, telles que des céréales. En effet, s'il en était ainsi, les terres qui, depuis des siècles, sont soumises exclusivement à la culture des céréales et n'en produisent que de chétives récoltes, devraient alors avoir en réserve tous les principes nutritifs nécessaires à une végétation luxuriante de betteraves ou de trèfle que ces terres n'ont jamais produits. Les faits ne prouvent-ils pas assez qu'il n'en est pas ainsi, et que lorsqu'une terre est épuisée pour une culture, elle l'est pour toutes les autres, conséquemment, que les éléments de nutrition propres aux fourrages se sont trouvés transformés par l'action d'agents chimiques ou par des causes ou des effets qui sont les secrets de la nature et qu'alors on peut conclure que ce qui est arrivé après une culture continue de céréales, se reproduira après une culture continue de fourrages, c'est-à-dire que, par une cause quelconque, ceux-ci utiliseront tous les éléments de nutrition propres aux céréales. Et puis la culture fourragère ne sera-t-elle pas variée aussi par la culture des plantes fourragères d'une composition différente?

Tous les mécomptes dont on s'est si souvent plaint, ainsi que notre expérience, nous ont aussi prouvé combien est grande l'erreur de ceux qui affirment que la variété dans les produits est une assurance contre toutes les circonstances défavorables, en prétendant que tous les produits ne manquent pas à la fois, qu'alors ceux qui sont abondants peuvent compenser les pertes éprouvées sur les autres. A ceux qui défendent ces doctrines, nous demanderons à quoi leur a servi en 1864, entre bien d'autres années, la variété de leurs produits, notamment leur production des céréales, qui a été abondante, pour compenser leur perte sur les fourrages ?

A quoi en effet pouvait-elle servir cette production des céréales, puisque le prix de revient était supérieur au prix de vente pour la presque totalité des cultivateurs, de telle sorte que l'on n'a trouvé, comme toujours, l'exportation pour cette production que lorsque le cultivateur était en perte?

L'important n'est pas seulement d'avoir un produit abondant entre plusieurs, car, si tous les autres sont mauvais et que celui abondant ne soit pas vendu à un prix rémunérateur, le cultivateur se trouve dans une position plus désavantageuse que s'il n'avait qu'un seul produit qu'il serait certain, en toutes circonstances, de vendre avec bénéfice. Or, cette certitude, le système de la spécialisation dans la production végétale, qui abaisse si considérablement le prix de revient, fait disparaître tant de risques et facilite le complet développement des plantes et élève ainsi la moyenne de la production, ne la donne-t-il pas?

C'est encore une erreur de penser que par suite de la suppression des pailles dans les engrais de ferme, ces engrais, ne se composant que des déjections animales, arriveraient par suite d'un emploi continu à épuiser la terre comme dans l'emploi unique des engrais du commerce.

Pour le prouver il suffira de rappeler, que même les engrais du commerce ne produisant point l'épuisement des herbages et des prairies lors même qu'ils sont uniquement employés, à plus forte raison les engrais de ferme composés des déjections seules, n'épuiseraient point et qu'il en serait de même, avec ceux-ci, dans les terres cultivées : le parcage et la consommation des fourrages sur place avec séjour la nuit sont là pour le prouver partout où ces modes de fertilisation des terres sont pratiqués.

Que du reste les déjections animales ne sont autres que des résidus de végétaux qui se sont accrus de principes fertilisants par leur passage à travers l'organisme animal, qu'alors ils ne peuvent produire l'épuisement plutôt de cette façon que dans l'usage des fumiers ordinaires, puisqu'ils rendront à la terre des débris végétaux comme dans ce dernier cas.

Que la masse des déjections solides et des débris végétaux que les cultivateurs producteurs spéciaux de fourrages renfermeraient dans le sol serait bien des fois plus considérable qu'avec le système actuel de culture.

Que les cultivateurs producteurs spéciaux de céréales, de plantes industrielles ou potagères, pourront toujours rendre leurs engrais d'une décomposition lente et leur donner toutes les propriétés des fumiers ordinaires, en les stratifiant avec un peu de terre qui empêcherait la fermentation et la déperdition des principes fertilisants et ajouterait encore à la valeur des engrais par suite des effets qui s'en suivraient et que nous avons rappelés plus haut.

Et qu'au moyen de l'enfouissage en vert de certaines récoltes, le cultivateur producteur spécial de céréales, de plantes industrielles ou potagères, pourrait même dans l'emploi des engrais pulvérulents sur une grande échelle, comme dans le cas de la production des céréales ou des plantes industrielles ou potagères, sans l'aide de bétail autre que celui nécessaire aux travaux et à l'alimentation de la ferme, et sans achats de fumier de ville, maintenir le sol abondamment pourvu de débris végétaux.

Enfin au sujet des principes, bases des assolements actuels, nous dirons : qu'ils ont été établis à une époque où la mécanique agricole n'existait à peu près que de nom ; où les guanos, le noir animal, les phosphates de chaux fossiles, étaient inconnus ; où n'existait aucun de cette multitude d'établissements où sont aujourd'hui préparées toutes sortes d'engrais artificiels donnant, avec tous ceux utilisés et autrefois dédaignés pour cause de préjugés , autant de moyens d'augmenter les fumures ; où l'art des constructions rurales était mal entendu et peu étudié, surtout en ce qui concernait les dispositions des étables, écuries, bergeries et porcheries pour recueillir économiquement les déjections des animaux ; où de faux principes quant à l'utilité des pailles, comme matières fertilisantes et alimentaires, étaient admis ; et où la situation économique du pays était tout à fait différente.

Dans de semblables conditions, les bras de l'homme étant le principal instrument et cet instrument pouvant être appliqué à toutes les cultures, il n'y avait aucune nécessité de spécialiser la production en vue de l'économie du capital mobilier.

Le manque de machines ou instruments, ou l'imperfection de ceux existants rendant impossible les semailles en lignes, des céréales entre autres, il avait bien fallu établir comme principe d'un bon assolement, afin de maintenir la propreté de la terre et supprimer la jachère périodique, de faire suivre autant que possible les cultures considérées jusqu'alors comme salissantes, telles que les cultures des céréales non en lignes, par les cultures des plantes qui pouvaient être plantées en lignes à la main telles que les racines fourragères ou comme le colza, le tabac, etc. désignées sous la dénomination générale de plantes sarclées, ou par celles nettoyantes comme le blé noir, pois, vesce, etc. Mais, depuis des inventions et des perfectionnements dans la mécanique agricole rendant possible en grande culture, la culture en lignes et les binages de toutes plantes, toutes les plantes salissantes, considérées ainsi par leur mode de culture, deviennent alors des plantes sarclées et binées à égal titre que le colza, le tabac et les racines fourragères. Donc la culture des céréales en lignes sarclées et binées peut se répéter

sans plus nuire que toute autre culture sarclée à la propreté du
sol et faire autant, au contraire, pour le nettoyer ; d'où il suit que
les plantes salissantes sont effacées de l'agriculture progressive
et ainsi se trouvent changées les règles des assolements qui avaient
en vue d'effacer les traces des effets nuisibles à la propreté du sol,
résultant de la culture de ces plantes.

Comme aussi, faute d'autres éléments de fertilisation que le
fumier de ferme, ou faute ou ignorance d'autres matières alimentaires pour le bétail, que la paille, le foin, les racines et les fourrages verts, il fallait bien, afin de maintenir la production,
chercher dans ces combinaisons d'assolement les éléments de la
nourriture d'un certain nombre de bestiaux qui produisaient les
engrais. C'est pourquoi on faisait entrer dans un même assolement
les cultures fourragères avec celles pour la vente, celles-ci se soute-
nant à l'aide de celles-là, étant proportionnées les unes aux autres.
Or, maintenant qu'en dehors de son exploitation, le cultivateur
peut trouver une quantité considérable de matières alimentaires
pour les bestiaux, comme dans les tourteaux, les résidus de bras-
series, féculeries, distilleries, etc ; comme aussi dans les grains
dont l'emploi à cet usage était négligé, la nécessité, en tous cas,
de la production fourragère n'existe plus. Comme par les mêmes
causes et avec cette multitude d'engrais commerciaux, guanos,
noir animal, etc., sur lesquels le cultivateur n'a que l'embarras
du choix, ainsi qu'avec une quantité d'autres matières fertilisantes,
dont la valeur autrefois était ignorée ou contre lesquelles des
préjugés et même des arrêtés existaient et en empêchaient l'emploi, les conditions de la fertilisation des terres sont changées du
tout au tout.

De même, les mauvaises dispositions des étables, écuries, bergeries et porcheries, ainsi que l'ignorance de toute autre méthode
pour recueillir les déjections des animaux autrement qu'avec
l'aide de la paille, et plus encore l'importance que l'on attachait à
cet emploi de la paille, par suite de la valeur fertilisante que lui
accordait et que lui accorde encore une opinion erronée, en rendaient indispensable la production, qui, dès lors, astreignait tous
les cultivateurs à certaines cultures de grains, quelque désavantageuse que fût cette culture dans certains sols. Mais les perfectionnements dans les constructions rurales et les parcs à moutons,
ainsi que la divulgation des meilleurs procédés pour recueillir

économiquement les déjections des animaux, ayant supprimé
l'utilité et l'indispensabilité de la production de la paille pour litière,
ont créé autant de conditions nouvelles pour la culture en rendant
à celle-ci la liberté de production.

Encore aussi, les difficultés et la lenteur des transports et des
communications, ainsi que le régime douanier, rendaient en
quelque sorte obligatoire pour le cultivateur la production des
grains alimentaires nécessaires à l'approvisionnement local ou au
moins pour sa maison. Or, par suite de la transformation économique du pays, résultant de la création des chemins de fer et de
la réforme douanière, l'approvisionnement des grains alimentaires
est devenu, autant et plus même, une affaire commerciale qu'a-
gricole (1); et il en résulte encore, en ce cas, une entière liberté
pour le cultivateur, dans l'exploitation du sol. C'est là un des
grands avantages donnés par les chemins de fer et particulièrement
par la réforme douanière, qui sera un grand bienfait pour celui
qui saura en tirer parti en se débarrassant d'une culture, telle
que celle des céréales, désavantageuse ou peu lucrative dans certaines conditions.

Toutes les modifications ci-dessus énumérées, apportées à la
situation de l'agriculture par le temps et le progrès, situation qui
avait servi de base aux règles actuelles des systèmes d'exploitation,
ne démontrent-elles pas combien par suite ces systèmes d'exploitation sont sans rapport avec la situation présente et un obstacle
à la réalisation des avantages que celle-ci peut donner, tant au
point de vue d'un abaissement du prix de revient qu'à celui d'une
augmentation de la production et, par déduction, ne prouvent-elles
pas la nécessité de changer ces systèmes ?

---

(1) Par là nous n'entendons pas dire que le cultivateur devra cesser de
faire le pain nécessaire à sa maison, car comme tous autres consommateurs
il pourra acheter le grain ou la farine qu'il faudra pour cela, ainsi que le
font en beaucoup de pays les ouvriers ruraux.

VI.

*De l'influence du système de la spécialisation dans la production
végétale sur le prix des grains et sur les débouchés de tous
les produits agricoles.*

En dehors des avantages considérables que nous avons démontrés, la spécialisation dans la production végétale en donnerait de
non moins importants par l'élévation du prix de certains produits,
par les moyens qu'elle donnerait aux cultivateurs pour se soustraire aux conditions désavantageuses que leur crée leur coûteux
système d'exploitation vis-à-vis de la concurrence étrangère, par
les débouchés qu'elle créerait ou augmenterait et par l'équilibre
qu'elle mettrait, autant qu'il est possible de l'établir, entre la
production et la consommation.

Ainsi par suite de l'application de ce principe, base du système
de production que nous préconisons, qui veut qu'on ne se livre
qu'à la production de ce qui offre le plus de profits, la culture des
céréales, qui est à peu près générale, se trouverait amoindrie par
son abandon dans toutes les terres qui ne lui sont pas propices et
où par suite les produits sont médiocres et dans toutes les fermes
où d'autres productions, par des causes différentes de celles ci-
dessus, seraient plus avantageuses. Par suite de cette diminution
de la culture des céréales il résulterait une plus grande recherche
de ces grains et par suite une élévation de leurs prix (1). Par les
mêmes causes, la paille acquerrait aussi plus de valeur.

Certains grains, comme l'orge, l'avoine, le seigle, les féverolles,
etc., acquerraient d'autant plus de valeur, que dans les fermes où

---

(1) Par élévation du prix des céréales, nous n'entendons pas faire espérer
de très-hauts prix du blé notamment, mais seulement en empêcher l'avilis-
sement dans les années d'abondance et celles moyennes. Car au-dessus de 22
à 23 fr. les cent kilog. de blé, avec la liberté du commerce des grains qu'il
est impossible de supprimer pour diverses causes, les importations des blés
étrangers viendront toujours peser sur les cours et les feront retrograder
vite au prix de 22 à 23 fr. les cent kilog., qui est le cours auquel les importations cessent d'être importantes. D'ailleurs, à ce prix, avec notre système
de production, les cultivateurs producteurs de céréales retireraient plus de
bénéfices de cette culture qu'ils n'en obtiendraient avec les systèmes de
culture actuellement pratiqués, en supposant une récolte moyenne vendue à
28 francs les cent kilog.

on se livrerait à la culture spéciale des plantes pour la vente, et où l'on voudrait entretenir du bétail, il faudrait faire de ces grains et des tourteaux la base de la nourriture des bestiaux, ainsi que cela est usité dans des pays où la culture des céréales et des plantes industrielles est dominante. Certes il y a des années où, dans beaucoup de pays, le cultivateur vend l'avoine, le seigle, l'orge et les féverolles, à des prix bien inférieurs à ceux qu'il pourrait retirer en faisant consommer ces grains par ses bestiaux. Et cette nourriture serait encore plus économique, quoique l'on en ait dit, que celle avec les racines fourragères obtenues si chèrement dans la plupart des cas avec le mode actuel de production. Comme aussi ces grains, ainsi que le sarrasin, le maïs, les tourteaux, sont et seront toujours, l'un ou l'autre, selon le cas, le complément indispensable de toute nourriture d'hiver pour obtenir les produits les plus abondants en lait ou viande.

Cette élévation du prix des grains, par suite de la consommation en partie par les bestiaux, serait d'autant plus certaine, que dans tous les pays où cela est usité le prix de ces grains est toujours plus élevé que partout ailleurs. Et ce mode de consommation des grains est un moyen d'en maintenir ou élever les prix que ne devraient point négliger les cultivateurs en tous pays.

La culture spécialisée des plantes industrielles et potagères est appelée à devenir la culture des petits cultivateurs, ces sortes de productions n'exigeant, pour la presque totalité, qu'un petit nombre d'instruments et beaucoup de main-d'œuvre ; ces cultivateurs trouveraient là un emploi plus certain de leur temps et une rémunération plus élevée pour leur travail que dans toute autre production où les machines pourraient exécuter la plupart des travaux. Par suite des bénéfices très-élevés que, dans les conditions ci-dessus, donneraient aux petits cultivateurs ces sortes de cultures, il en résulterait un moyen puissant pour retenir les ouvriers ruraux à la vie des champs, en leur offrant la perspective de recueillir des avantages supérieurs à tout ce qu'ils pourraient trouver dans les villes, puisque par suite du système de la spécialisation dans la production et à l'aide de la fertilisation économique par l'engrais humain, et par l'enfouissage des récoltes vertes, ils pourraient devenir cultivateurs d'une couple d'hectares avec de très-petites économies et de là s'élever graduellement.

Mais ce n'est pas le système d'exploitation actuel, avec son inévitable alternat de fourrages, de grains et d'autres plantes, qui pourrait donner toutes ces facilités à l'ouvrier pour s'élever, ce système multipliant si bien les exigences de matériel et tous les frais de production.

La culture fourragère spécialisée est celle qui serait appelée à prendre le plus d'extension dans les grandes et moyennes exploitations, parce qu'elle convient à un plus grand nombre de sols et de situations (1) ; et c'est une des cultures qui donneraient un des moyens les plus certains de retourner contre les pays étrangers les avantages qu'ils ont actuellement contre la culture française, par l'importation des bestiaux et des laines ; car il serait possible, au moyen de la spécialisation dans la production fourragère, d'atteindre sur une même surface, ainsi que nous l'avons démontré, une production de fourrages au moins quadruplé de celle actuelle, d'en diminuer le prix de revient par ce moyen et par d'autres que nous avons signalés, ce qui permettrait, tout en réalisant des bénéfices plus importants, de vendre moins cher et d'ôter par suite tous avantages à l'importation, de faciliter l'exportation et de faire ainsi concurrence aux produits étrangers au lieu de la subir.

Toutefois, il paraît certain que les bestiaux et les laines indigènes trouveront à l'intérieur un débouché suffisant, pendant longtemps, la consommation de ces produits, qui, déjà, allait sans cesse augmentant, se trouvant encore excitée par les économies que tous les ménages réalisent et réaliseront par suite de pain à bon marché ; car alors les économies réalisées sur cette matière alimentaire serviront dans la plupart des cas à l'achat d'autres produits agricoles : viande, lait, beurre, œufs, volailles, laine, vin, ou de divers objets dont l'agriculture fournit la matière première, achats qui, sans ces économies, ne pourraient être faits et par suite ces divers produits agricoles resteraient invendus ou la production n'en serait pas excitée.

---

(1) Nous sommes bien loin de partager cette singulière opinion qui veut que la production fourragère convienne moins au sol et au climat de la France que celle des céréales (blé, seigle, avoine et orge). En effet, nous, nous disons au contraire : que la production fourragère peut être pratiquée dans presque tous les sols et sous tous les climats de la France en choisissant les plantes s'appropriant le mieux aux situations ; tandis que les céréales (blé, seigle, avoine et orge que l'on avait en vue), sont loin de convenir à une infinité de sols et à tous les climats. La pratique confirme ces allégations. Il ne faut connaître ni son pays, ni l'agriculture pour dire le contraire.

Pour prouver toute l'importance du débouché que peut créer aux autres productions le bon marché du blé, particulièrement, nous ferons connaître approximativement les économies qui en sont résultées en 1861 et 1862 pour la consommation générale.

Il est admis que les besoins de la consommation exigent 95 millions d'hectolitres de blé (1), or, si les importations faites par suite de la liberté du commerce des grains, ont, de la récolte de 1861 à celle de 1862, fait subir seulement une diminution de 8 francs par hectolitre de blé, relativement au prix des années de cherté sous le régime protecteur, il en est résulté, pendant cette période, une économie de 760,000,000 de francs, pour les consommateurs.

Comme aussi il est évident que les importations ont, de la récolte de 1862, qui était médiocre, à celle de 1863, amené, sur le prix de l'hectolitre de blé, une diminution d'au moins 5 francs, il en est résulté, pendant cette période, une économie de 475 millions de francs.

Ce qui porte à 1 milliard 235 millions de francs les économies réalisées de la récolte de 1861 à celle de 1863, par les consommateurs, par suite de la suppression des droits à l'importation du blé, lesquels dans les années de mauvaises et de médiocres récoltes contribuaient tant à l'élévation du prix de cette céréale, la production des années d'abondance qui précédaient n'étant pas encore assez élevée pour combler les déficits de celles des mauvaises.

Les chiffres ci-dessus sont corroborés par le prix moyen du blé, pendant les années 1855 et 1856, comparé à celui des années 1861 et 1862, qui leur furent assez semblables pour la production. De cette comparaison il ressort que le prix moyen de l'hectolitre, pris sur les 2 années 1855 et 1856, est de 31 francs 17 cent., tandis que le prix moyen de l'hectolitre, pris sur les 2 années 1861 et 1862, est de 23 francs 89 cent. seulement, ce qui fait une différence de 7 francs en moins pour ces dernières années. Cette différence porterait à 1,370 millions de francs les économies que nous avons évalueés à 1,235 millions.

Mais, quand on sait quelle influence exerce le prix du blé sur celui des autres céréales, seigle, orge, avoine et sarrasin, ainsi que

(1) Les semences sont comprises dans ce chiffre, mais nous les défalquerons plus loin avec la part afférente aux cultivateurs dans ce chiffre.

sur celui de divers autres produits agricoles, comme la pomme de terre, etc., tous produits servant pour partie aussi à l'alimentation humaine, il faut encore, alors, ajouter les économies réalisées en 1861 et 1862 par suite du bon marché du blé sur le prix de ces divers aliments, économies qu'on ne peut évaluer à moins de la moitié des autres pour les 2 années : soit 617 millions, ce qui porterait à 1,852 millions de francs, les économies réalisées, de la récolte de 1861 à celle de 1863, par les consommateurs, par suite du bon marché du blé. Desquels 1,852 millions, en défalquant un tiers pour la part afférente aux cultivateurs, tant pour leur consommation que pour leurs semences, il resterait environ 1,235 millions pour les autres consommateurs.

N'est-il pas évident qu'une économie aussi considérable a eu une influence très-grande sur la consommation des produits agricoles autres que le blé? Et que, par là, l'agriculture a plus que récupéré les pertes par elle éprouvées sur la production du du blé, car par suite de l'augmentation de la consommation de la viande, du lait, du beurre, des œufs et des volailles, pour ne parler que de ces produits, les animaux destinés à la boucherie, les vaches laitières, les chèvres et les élèves étant plus recherchés n'ont-ils pas acquis une plus-value considérable? (Dans de certains pays les bestiaux sont à un prix auquel on ne les avait jamais vus; le beurre, les œufs et les volailles ont doublé de prix).

De tous les effets résultant des économies énumérées, on peut tirer cette conclusion : que le régime protecteur, en élevant le coût du pain qui est la nourriture principale du peu aisé et du pauvre, était nuisible au développement de la consommation ; tandis que le régime de la liberté du commerce des grains, qui a eu pour effet, en 1861 et 1862, d'abaisser le prix de la nourriture principale du peu aisé et du pauvre, a développé la consommation des autres produits agricoles, malgré la crise de l'industrie cotonnière et de celle des soieries, tout en élevant le prix des aliments consommés le plus par l'aisé et le riche.

Cela ne fait-il pas ressortir combien il importe de ne point élever les droits à l'importation du blé, dans le cas où le prix de cette céréale pourrait en être influencé, puisque cela ne pourrait avoir lieu qu'aux dépens de la consommation des autres produits agricoles, et il serait peu équitable de favoriser une production aux dépens des autres.

Nous faisons cette observation surtout en vue de l'adoption du système de production que nous préconisons, lequel aurait pour effet de rendre à la liberté du commerce des grains tous ses effets aujourd'hui remplacés par ceux résultant de l'extrême abondance de la production du blé dans les années 1863 et 1864 (1); abondance amenée autant, sinon plus, par l'extension considérable du domaine de la production que par les améliorations qui y ont été faites.

Nous ferons encore remarquer que le développement de la consommation des produits agricoles serait favorisée par l'adoption du mode d'exploitation que nous avons exposé, puisqu'il aurait pour effet de donner à l'agriculture une prospérité supérieure à celle qu'elle a connue et que par suite se trouveraient maintenus ou élevés les salaires des ouvriers agricoles dont le bien-être contribue tant, avec celui des cultivateurs, au développement de la prospérité générale, laquelle multiplie la consommation de toutes choses.

Pour démontrer combien la production agricole française peut augmenter autrement qu'en blé, sans excéder ni même satisfaire les besoins de la consommation, laquelle se développera par toutes les causes que nous avons signalées, nous ferons quelques comparaisons entre la population et la production agricole anglaises et la population et la production agricole françaises; puis nous ferons remarquer les effets qu'exercerait sur les débouchés intérieurs l'extension de certaines cultures.

En Angleterre, avec une population de un quart moins forte *(environ de 10 millions d'individus)*, la production agricole trouve le débouché :

pour 360 millions de kilog. de viande de mouton,
    500   id.   id.   id.   de gros bétail,
    800   id.   id.   id.   de porc,
    3 milliards de litres de lait.

---

(1) Par abondance extrême de la production du blé, nous voulons dire abondance par rapport aux besoins de la consommation, car ces années ne furent pas toutes pour tous les cultivateurs des années abondantes, pour beaucoup elles ne furent que des années moyennes et pour d'aucuns même moins.

Tandis que la production agricole française ne donnait à la même époque que :

144 millions de kilog. de viande de mouton,
400   id.   id.   id.   de gros bétail,
400   id.   id.   id.   de porc.
2 milliards de litres de lait.

Pour que la production agricole française, en ce qui concerne les produits en viande et en lait, arrivât à être dans les mêmes proportions avec la population que l'est la production agricole anglaise pour les mêmes produits, il faudrait que l'agriculture française produisit plus du double en viande soit environ 1 milliard de kilog. en plus (déduction faite approximativement des produits des volailles qui est en France de 300 millions de francs, environ, tandis qu'il n'est en Angleterre que de 25 millions de francs) et près de 2 milliards de litres de lait et il n'en résulterait encore aucun encombrement, car la production de la viande en Angleterre ne suffit pas encore aux besoins de la consommation, il s'en faut de beaucoup, ce qui peut encore donner à l'agriculture française un vaste débouché.

Puis encore la consommation du sucre, qui est aussi bien inférieure en France à la consommation de l'Angleterre, proportionnellement à la population, prendra, par les mêmes causes que la consommation de la viande, un plus grand développement et donnera un débouché plus considérable à la production des betteraves à sucre, ce qui permettra l'extension de cette culture.

Indépendamment du débouché intérieur qui sera augmenté par le bien-être, la production du vin trouvera toujours dans le monde entier un vaste débouché et par l'extension que prendra cette production le débouché des productions dont elle aura pris la place se trouvera augmenté par leur plus de rareté.

Les mêmes effets se produiront avec diverses autres cultures.

VII.

Avantages recueillis par les propriétaires avec la Spécialisation dans la production végétale.

Les propriétaires participeraient aussi aux avantages de la spécialisation dans la production végétale par l'effet qu'elle exercerait sur la valeur locative et foncière des terrains, surtout sur ceux de médiocre qualité.

Actuellement, la valeur locative et foncière des terres soumises à la production agricole est déterminée par leur faculté productrice en blé, ou par leur état en herbages ou en prairies ; de là, il résulte que les terres qui ne sont pas bonnes pour la production abondante du blé, ni ne sont en bons herbages ou en prairies, ont une valeur locative et foncière bien moindre.

Or, la culture étant spécialisée, comme nous l'avons expliqué, les plus mauvaises terres cultivées pouvant alors donner des bénéfices aussi élevés que les meilleures, la différence de valeur locative et foncière disparaîtrait.

Ce résulta sera rendu de toute évidence par ce qui suit:

Avec les meilleures cultures alternes des fourrages avec les céréales et autres plantes, le produit brut par an, dans les sols impropres à la culture du blé, descend à 400 et même 300 francs l'hectare, en moyenne.

Tandis que dans ces mêmes sols qui, par la raison qu'ils ne conviennent pas à la culture du blé, conviendraient à celle de certaines plantes potagères, industrielles ou fourragères, le produit brut, notamment sur la culture spécialisée de ces dernières, pourrait être au moins triplé ; puisque la spécialisation de la culture fourragère peut progressivement, en toutes terres qui lui sont propices, élever la fertilité au degré voulu, pour obtenir sur un hectare sous betteraves, un rendement de 150, 200 et même plus de 300,000 kilog. de racines. Or, en admettant qu'avec les produits des bestiaux, non compris le fumier, on ne retirât que 8 francs brut des 1,000 kilog. de racines, — on peut facilement en retirer 12, très-souvent 15 et plus, — le produit brut d'un hectare de betteraves, sans le produit retiré avec les feuilles, pourrait donc s'élever à 1,200, 1,600 et plus de 2,400 francs ; diverses autres plantes fourragères pourraient encore donner les mêmes résultats.

De même, certaines cultures de plantes potagères ou industrielles pourraient aussi, dans les mêmes terrains, faire arriver aux mêmes produits, quand les autres conditions de production, comme les débouchés, se rencontreraient.

VIII.

Résumé.— Nécessité de changer de système de production.—
Impossibilité du retour au régime protecteur sous quelque
déguisement que ce soit.— Danger de l'imitation de l'agri-
culture anglaise. — Obligations des Propriétaires.

L'exposé des résultats des systèmes d'exploitation actuellement
pratiqués et celui des avantages que donnerait le système de
la spécialisation dans la production végétale, par les applications
qu'il faciliterait, celles auxquelles il obligerait et les conséquences
qu'il amènerait, ne démontrent-ils pas que ce dernier système est
le seul qui puisse, tout à la fois, faire arriver à la production
économique, élever beaucoup le produit brut et par suite augmenter considérablement le bénéfice net et rendre ainsi l'industrie
agricole aussi lucrative que la meilleure de toutes les industries ?
Dernier résultat, qui permettrait de rattacher à l'agriculture tous
ceux qui, aujourd'hui, s'en éloignent pour aller chercher dans
les autres industries des fortunes impossibles à obtenir actuellement dans l'exploitation du sol avec les modes de production
usitées, ces modes, en dehors des circonstances particulières que
crée la spéculation sur la mise en rapport des terrains incultes,
ne pouvant donner, avec les meilleures cultures, que l'aisance,
ainsi que l'ont prouvé les comptes-rendus des exploitations ayant
remporté les grandes primes d'honneur ; et encore ces mêmes
modes ne font-ils parvenir à cette aisance, dans la plupart des cas,
lorsque le cultivateur n'exploite pas une grande étendue, non
pas par les bénéfices que donne l'exploitation du sol, mais bien
par ceux que laissent les privations de celui qui l'exploite.

Néanmoins il ne manquera pas de cultivateurs, même parmi
les plus éclairés, qui voudront persister dans leur système de
production, dont les bases ont été établies, il y a plus d'un demi-
siècle, selon une situation qui ne ressemblait en rien à celle
actuelle, notamment en ce qu'elle était caractérisée par un régime
douanier qui n'existe plus, et sur lequel s'appuyait la production
des céréales ; et à une époque où cette dernière production ne
pouvait satisfaire les besoins de la consommation, les années
d'abondantes récoltes ne donnant point un excédant suffisant pour
combler les déficits des mauvaises, tandis que, maintenant, la

production des céréales, à laquelle les systèmes actuels d'exploitation obligent quand même tous les cultivateurs, tend à arriver à ce point que les années mauvaises pour les cultivateurs deviendront des années moyennes pour les consommateurs et celles moyennes pour les cultivateurs, des abondantes pour les consommateurs (4).

(1) Cette tendance peut être démontrée par les récoltes de 1863 et 1864, en ce qui regarde le blé :

Ainsi , d'après la statistique,

La récolte du blé en 1863 aurait produit. . . .	116,781,700 hectolitres
Celle de 1864.	111,274,000
Soit pour les deux années.	228,055,700 hectolitres
La consommation (semence comprise) n'exigeant chaque année que 95 millions d'hectolitres, ce qui fait pour ces deux années.	190,000,000
Il en est résulté sur les besoins de la consommation, un excédant de.	38,055,700 hectolitres
Lequel n'a pas été affaibli de plus de 2 millions d'hectolitres par l'excédant des exportations de grains et de farines sur les importations de la récolte de 1863 à celle de 1865.	2,000,000
De sorte que, à la récolte de 1865, il restait environ d'excédant.	36,055,700 hectolitres

Et comme il est vraisemblable que la récolte de 1865 satisfera aux besoins de la consommation, on peut croire que, jusqu'à la récolte de 1868, les exigences de la consommation peuvent être satisfaites avec la production indigène dans le cas de mauvaise récolte en 1866 et en 1867, ces récoltes laissassent-elles chacune un déficit de 15 millions d'hectolitres sur les besoins de la consommation, ce qui n'est pas probable, puisque la moyenne de la production s'élève chaque année par suite de l'extension du domaine agricole et des améliorations qui y sont faites, ainsi que le démontre le tableau ci-après, emprunté encore à la statistique :

	Etendue ensemencée en blé.	Rendement moyen par hect.
1815.	4,591,677 hectares.	8 hectolitres 59
1825.	4,854,169 —	12 — 57
1835.	5,338,043 —	13 — 43
1845.	5,743,135 —	12 — 57
1855.	6,419,330 —	11 — 36
1858.	6,639,688 —	16 — 56
1863.	6,913,768 —	16 — 89

De ce tableau il résulte : que la surface ensemencée en blé a augmenté de 2,322,091 hectares de 1815 à 1863, soit d'un peu plus de la moitié de la surface existant en 1815; et que le rendement moyen des mauvaises années s'est élevé par hectare de 3 hectolitres et celui des bonnes de 4.

Toutes les augmentations qui ont doublé la production n'ont pas été égalées par l'accroissement de la population qui ne s'est élevé qu'à un quart; toutefois cette différence a été un peu atténuée par l'augmentation des consommateurs de pain de blé ayant abandonné celui de seigle ou de méteil.

Par tout ce qui précède on peut voir à quelles conséquences conduirait la persistance dans les systèmes actuels d'exploitation, lesquels multiplieraient toutes ces augmentations dans la production du blé.

En présence de ces faits et de la situation économique, nous rappelons à ces cultivateurs : que c'est une loi de la prospérité dans toute industrie de progresser sans cesse et de se mettre en rapport avec les situations économiques ; et que ce qui est aujourd'hui l'idéal du progrès ne le sera plus à une époque peu éloignée par l'effet de la marche du temps et du progrès qui modifie sans cesse les situations et crée d'autres nécessités.

Nous ferons encore remarquer que l'industriel, en présence de la réforme douanière, s'est empressé de transformer tous ses moyens de production, notamment de substituer des machines plus perfectionnées à celles qu'il possédait, pour produire plus économiquement et mieux, afin de soutenir la concurrence. La même nécessité existe pour le cultivateur.

Aussi, nous ne cesserons de répéter aux cultivateurs : changez promptement votre système de production, déjà les produits des céréales ne sont plus, dans la plupart des fermes, en rapport avec les prix élevés des fermages et les frais de production ; puis les causes exceptionnelles qui ont maintenu le prix élevé des laines et des plantes textiles et oléagineuses peuvent disparaître ; alors il pourrait en résulter une situation difficile, qui vous obligerait plus tard, après de grandes pertes, à réaliser la transformation que vous pouvez faire aujourd'hui sans difficulté et qui vous donnerait des avantages que vous n'avez jamais connus !

Sachez que vous êtes dans des conditions infiniment meilleures que n'étaient les cultivateurs anglais lorsque la réforme douanière eut lieu dans leur pays, il y a près de vingt ans, car vous jouissez de toutes les inventions et de tous les perfectionnements considérables faits dans la mécanique agricole, depuis cette époque, comme aussi de tous ces guanos, noir animal, et de cette multitude d'engrais qui étaient tous alors à peu près complétement inconnus.

Mais je ne vous dirai pas, pour cela, comme d'autres : « Imitez les Anglais ! » Au contraire, je vous dirai : gardez-vous de commettre la faute que firent les cultivateurs anglais, lorsque, à la suite de la réforme douanière, ils restreignirent seulement la culture des céréales dans les fermes les moins propices à cette culture, au lieu de l'y supprimer, et donnèrent de l'extension à cette culture dans les fermes qui lui étaient convenables en y maintenant toutefois la culture fourragère ; ainsi ils conservèrent dans toutes les fermes la production associée des fourrages et des céréales en donnant seulement, selon les conditions du sol, à l'une ou à l'autre de ces productions, une extension plus considérable. Et par là, ils maintinrent tous les inconvénients que j'ai signalés, inhérents à l'association de ces productions; de sorte que maintenant ils se plaignent — (ces plaintes ont été consignées dans les journaux agricoles français) — comme beaucoup de cultivateurs français pratiquant la culture intensive avec productions diverses. lesquels disent : « que par suite des modifications de leur culture et d'améliorations diverses, le produit brut s'est déjà bien accru, mais que le bénéfice net ne s'est pas élevé. » Il en eût été autrement avec le système de la spécialisation dans la production végétale qui, je le répète encore, augmente la production et diminue considérablement le prix de revient. Ne l'oubliez pas, cultivateurs !

Une raison encore dominante pour ne pas imiter l'agriculture anglaise, c'est que l'imitation d'une agriculture qui n'a pour ainsi dire que deux sortes de productions ne pourrait être pratiquée en France sans conduire à un encombrement de viande semblable à celui qui commence à se manifester pour les céréales.

Il se comprend que cet encombrement ne se produise pas en Angleterre, parce que l'étendue du domaine agricole — qui ne peut guère être augmenté — n'y est que de 19 millions d'hectares pour une population de 27 millions ; tandis qu'en France l'étendue de ce domaine, qui pourrait être portée à plus de 40 millions d'hectares, est déjà de 34 millions d'hectares pour 37 millions d'habitants, c'est-à-dire qu'il y a presque autant d'hectares cultivés que d'habitants, le chiffre de ceux-là dépassera celui de ceux-ci avant peu d'années par suite de l'immense développement que l'agriculture prend chaque année.

Aussi la production de l'agriculture anglaise, avec son domaine limité et une population sans cesse croissante en nombre, peut bien se baser sur un débouché qui se trouve dans la satisfaction des exigences de la faim, qui ont leur limite, il est vrai, mais qui se multiplieront avec le nombre des consommateurs; tandis que la production de l'agriculture française avec une population augmentant en nombre moins rapidement que celle anglaise et avec un domaine qui augmente considérablement chaque jour et déjà très-étendu par rapport à la population, doit être basée autant, sinon

plus, sur les débouchés qui se trouvent dans l'exportation et dans
la satisfaction des désirs sans limites du bien-être, lequel multi-
pliera les débouchés de l'intérieur en s'élevant, que sur celui qui
se trouve dans la satisfaction des exigences de la faim. De là il
doit résulter entre les deux pays une production tout à fait différente. C'est pourquoi en une infinité de cas le cultivateur français
trouvera plus avantageux de se livrer à la production des plantes
industrielles et potagères ou à celle du vin qu'à celle des fourrages
et des céréales.

Cela nous amène à cette conclusion : qu'avec l'augmentation
considérable de la production par suite de cette extension immense
que prend le domaine agricole et par suite des améliorations qui
y sont faites, la liberté commerciale n'existât-elle pas qu'il
deviendrait d'une impérieuse nécessité de l'établir si elle pouvait
contribuer encore à élever le bien-être et à développer le
commerce extérieur.

Puis, pourquoi voudrait-on que les cultivateurs français imi-
tassent ceux anglais, puisqu'il est admis que l'agriculture du
département du Nord est supérieure à l'agriculture anglaise et que
celle-ci trouve son égale dans les départements de la Seine-
Inférieure, de Seine-et-Marne, de la Somme, du Pas-de-Calais, de
l'Oise et dans partie de beaucoup d'autres départements ? A quoi
servirait-il donc aux cultivateurs de ces contrées d'aller chercher
des exemples en Angleterre d'autant plus que les systèmes de
culture pratiqués en Angleterre le sont aussi en France ?

Mais il est bien évident, quel que soit le lieu, en France, où l'on
prenne des exemples, que l'imitation des cultures supérieures par
les inférieures ne changerait en rien l'état des choses, puisque
précisément les départements supérieurs ou égaux à l'agriculture
anglaise et où la culture à gros capitaux est le plus pratiquée
sont ceux d'où viennent les plaintes les plus vives au sujet de la
production des céréales ; et qu'il est avéré qu'avec ce système,
on ne peut produire le blé avec bénéfice au cours de 16 francs
l'hectolitre et qu'il n'a pas sensiblement diminué le prix de revient
pour toutes productions, ainsi du reste que nous l'avons rappelé
plus haut et démontré.

Ce ne peut donc être que dans l'adoption d'un système de production différent de tous ceux pratiqués que l'agriculture française
entière trouvera une amélioration à l'état de choses actuel ; parce

que d'autre part les cultivateurs ne doivent point espérer le retour du régime protecteur sous quelque déguisement que ce soit.

A ce sujet nous rappellerons :

Que la liberté du commerce des grains est la base sur laquelle repose toute la réforme douanière, de sorte que, si au moyen de droits plus élevés à l'importation on élevait le prix du blé, toutes les industries ne manqueraient pas de dire qu'elles ne peuvent soutenir la concurrence étrangère dans ces conditions, le prix plus élevé du blé entrainant une augmentation de salaire.

Que cette élévation du prix du blé, en l'admettant possible par le moyen de droits fiscaux, serait un obstacle uniquement créé au développement de la consommation — qu'il importe d'exciter — des autres produits agricoles : d'une part, parce qu'il en résulterait pour les consommateurs — ainsi que nous l'avons démontré — la suppression pour les uns et la diminution pour les autres, des ressources qu'ils peuvent consacrer actuellement à l'achat des produits agricoles qui sont la satisfaction du bien-être ; et d'autre part, parce que cela nous ramènerait aux malheureux et désastreux effets du régime protecteur dans tous les temps de son règne. Effets qui sont une des causes primitives du malaise actuel de l'agriculture, car par suite des souffrances inouïes qu'ils amenaient à peu près périodiquement pour la masse des consommateurs pauvres, ils ont occasionné la mort prématurée d'un nombre considérable d'hommes qui aurait augmenté la quantité des consommateurs, laquelle aujourd'hui commence à n'être plus en rapport avec la production du blé : celle-ci ayant progressé plus rapidement que le nombre de ceux-là.

Puis, est-ce que l'on peut admettre que, parce que des propriétaires ou des cultivateurs négligeraient d'employer tous les moyens à leur disposition pour transformer une situation mauvaise en une prospère, peut-on, dis-je, admettre qu'il faille mettre dans une situation difficile ceux qui n'auraient, comme l'immense majorité des consommateurs, aucun moyen de s'y soustraire ; ou bien qu'il faille détruire les débouchés de certaines productions agricoles et oter ainsi la prospérité aux producteurs qui auraient su en établir la base sur la situation économique actuelle ; ou encore qu'il faille rétablir un régime qui a amené tant d'agitations et de désordres dans les villes comme dans les campagnes, a semé tant de haines et excité tant de vengeances et par suite tracé dans notre histoire nombre de pages sanglantes qui sans lui n'y eussent jamais été écrites? Quel est le gouvernement qui voudrait faire cela ?

Que les cultivateurs se souviennent aussi : qu'en Angleterre les récriminations ne manquèrent pas non plus contre l'abolition du régime protecteur; elles furent même pendant longtemps un excellent moyen pour se faire des électeurs. Mais arrivés au pouvoir, ayant ainsi la toute-puissance, les plus ardents partisans du régime aboli, n'osèrent jamais apporter la moindre modification à la liberté du commerce des céréales, parce que se dressa devant eux ce terrible obstacle : la question sociale, qui avait été la cause de l'abolition de ce régime. En France il en serait de même avec ceux-là qui réclament avec le plus d'énergie une élévation des droits à l'importation des céréales, car, si ils étaient mis à même d'exécuter leurs volontés — à condition de prendre la responsabilité de leurs actes — ils reculeraient eux-mêmes épouvantés des immenses malheurs que le retour du régime protecteur sous quelque déguisement que ce fût pourrait occasionner s'il avait pour conséquence d'élever, ainsi qu'ils le prétendent, le prix du blé.

Que les cultivateurs cessent donc de se laisser leurrer d'espérances qui se traduiraient en de désastreuses déceptions! Qu'ils ne perdent point leur temps en stériles regrets d'un passé dont le retour est impossible, et en vaines récriminations contre un présent qui peut leur être si profitable! Qu'ils se livrent résolument à la transformation de leur mode d'exploitation, leurs intérêts y trouveront une satisfaction certaine et grande et là seulement.

Mais, que dans l'accomplissement de cet acte, ils n'oublient pas que le système de la spécialisation dans la production végétale est le seul qui réduise le capital d'exploitation à sa plus simple expression et qui avec peu de dépense donnera les plus grands produits, partant le plus de bénéfice net; parce qu'il met réellement en pratique ce précepte, de l'illustre agronome Schwerz, que « la science de l'économie rurale n'est pas plus dans la prodigalité que dans l'avarice : elle consiste à faire beaucoup avec peu. » Que ce système est encore le seul qui puisse aussi bien se modeler sur la situation de chaque cultivateur et selon les propriétés du sol, et permettre au cultivateur de commencer avec les plus faibles ressources et de s'élever graduellement aux plus hautes positions ; qu'il est le seul qui puisse donner à la production des céréales tous les avantages de la vente de la paille ; qu'il est le seul qui puisse soutenir la concurrence étrangère sans aucune modification du régime douanier actuel, sur lequel au contraire il s'appuie. Tandis que le système de culture intensive avec la production des fourrage associée à celle des céréales pour la vente ou la consommatisn de la ferme ou à celle de toutes plantes pour la vente est le système des grandes dépenses et des petits bénéfices, — quand il y en a — parce qu'il multiplie les risques, la main-d'œuvre et demande un capital d'exploitation énorme et tellement énorme qu'il serait impossible de le trouver pour la vingtième partie des cultivateurs (1), ce qui le rend inapplicable, d'autant plus qu'il exige ce capital au début, et que d'ailleurs il ne peut soutenir la concurrence étrangère, les plaintes de ceux qui le pratiquent constatent ce résultat, de même que leurs demandes de modifications du régime douanier.

Pour accomplir la transformation des systèmes de production, nous ne nous adressons pas seulement aux fermiers, mais aussi aux propriétaires auxquels en incombent une partie des charges et qui ont un intérêt très-grand à sa réalisation afin d'éviter au renouvellement des baux une réduction sur le prix des fermages et pour maintenir ou élever la valeur foncière.

Il faudrait, notamment, que les propriétaires réalisassent toutes les améliorations nécessaires dans les constructions pour mettre celles-ci en rapport avec les besoins de la production économique des engrais, et pour arriver à n'en laisser perdre aucun.

Ensuite pour donner au fermier la possibilité d'exploiter selon

---

(1) On peut se faire une idée du capital d'exploitation qu'absorberait l'agriculture entière en pratiquant la culture intensive avec productions diverses en multipliant les 31,000,000 d'hectares de terres arables et de prairies naturelles par le chiffre de 1,590 francs qui est celui auquel avec ce système de production s'élève, par hectare, le capital d'exploitation sur les fermes les plus en renom et qui est encore insuffisant pour obtenir les plus grands rendements en betteraves. De cette multiplication il résulterait qu'il faudrait 46 milliards 500 millions de francs pour exploiter la surface ci-dessus selon le système actuel de la culture intensive avec productions diverses.

Le capital d'exploitation par hectare étant, en moyenne, actuellement en France, tout au plus de 200 francs (on ne l'a estimé qu'à 100) le capital général d'exploitation serait donc de 6 milliards 200 millions de francs. Où trouverait-on les 40 autres milliards ? même seulement la vingtième partie !... Pourquoi donc vanter ce qui n'est ni bien avantageux, ni praticable et ne conseille t-on ce qui l'est !...

le système qui lui paraitrait le plus avantageux, il faudrait que les propriétaires annulassent les clauses des baux qui obligent le fermier à suivre tel assolement et limitent l'étendue de certaines cultures, l'obligent à nourrir du bétail ou une certaine quantité.

De même il faudrait supprimer les clauses des baux qui défendent au fermier de vendre ses pailles et l'obligent à les faire consommer ou utiliser sur sa ferme.

Mais, si, malgré tout l'intérêt qu'ils y trouveraient, des propriétaires et des cultivateurs ne profitent, ni de la liberté que la réforme douanière donne pour l'exploitation du sol, ni des moyens qu'offre la situation présente pour arriver à une production plus abondante et plus économique, ils n'auront à s'en prendre qu'à eux, si, au lieu d'être un bienfait, cette réforme leur devient nuisible.

Lorient, typ. V. Auger. — Imprimerie du *Courrier de Bretagne*.